工业和信息化精品系列教材

网络技术

Network Technique

微课版

计算机

网络技术

第3版

朱士明 ◉主编

周杰 郭鹏 ◉副主编

人民邮电出版社

北 京

图书在版编目（CIP）数据

计算机网络技术：微课版 / 朱士明主编. -- 3版
. -- 北京：人民邮电出版社，2024.9
工业和信息化精品系列教材. 网络技术
ISBN 978-7-115-64002-4

Ⅰ. ①计… Ⅱ. ①朱… Ⅲ. ①计算机网络-教材
Ⅳ. ①TP393

中国国家版本馆CIP数据核字(2024)第058043号

内 容 提 要

本书主要介绍计算机网络的相关知识和技术，共12章，内容包括计算机网络概述、计算机网络体系结构、Windows的常用网络命令、局域网组建技术、网络互联技术、传输层、网络操作系统中常用服务器的配置与管理、网络安全、云计算技术、网络故障、网络技术应用、组网方案实例——某大学校园网组网方案。

本书的特点是强调应用性、针对性和技术性，知识覆盖范围广，图文并茂，配套丰富的数字教学资源。

本书适合作为高等教育本、专科院校计算机网络相关课程的教材，也可供网络技术爱好者自学使用。

◆ 主　　编　朱士明
　　副主编　周 杰　郭 鹏
　　责任编辑　范博涛
　　责任印制　王 郁　焦志炜
◆ 人民邮电出版社出版发行　　北京市丰台区成寿寺路11号
　　邮编　100164　电子邮件　315@ptpress.com.cn
　　网址　https://www.ptpress.com.cn
　　固安县铭成印刷有限公司印刷
◆ 开本：787×1092　1/16
　　印张：16.5　　　　　　　　　　2024年9月第3版
　　字数：382千字　　　　　　　　2025年3月河北第2次印刷

定价：59.80元

读者服务热线：(010)81055256　印装质量热线：(010)81055316
反盗版热线：(010)81055315

前 言　PREFACE

随着互联网技术的迅速普及和应用，我国的通信和电子信息产业正以几何级数的增长方式发展，数字中国建设加速推进，了解和掌握最新的网络通信技术也变得愈发重要。计算机网络是电子信息大类专业学生的必修课，也是一门重要的专业课。该课程在专业建设和课程体系中占据重要的地位。

为了适应市场需求的不断变化，适应社会对职业技能的需求，编者编写了本书，带领学生在学习中一步一步地走进神奇的计算机网络世界，了解计算机网络的基本结构、应用及发展，从而有能力使用、建设、管理和维护小型网络。

本书不仅系统地介绍计算机网络技术的相关理论知识，还通过大量实训操作增加学习的趣味性，强化学生的动手能力，使学习目的更加明确。编者以职业岗位需求为导向，按知识目标、技能目标和素质目标的要求精心设计课程框架和内容。每章先明确各项目标，接着展开各节内容，然后用实训学习环节来进一步加深学生对关键知识的理解，从而逐步提高学生的实践技能。每章末尾的小结和习题既便于教师指导学生把握重点，也利于学生自学和复习时巩固提高，书中实训环境均采用模拟软件 Cisco Packet Tracer（思科官方模拟器）。

本书入选安徽省"十四五"高等职业教育规划教材和安徽省"十四五"高水平教材建设项目，其特色如下。

● 本书将知识目标、技能目标和素质目标相统一，全面培养学生的各方面素质。

● 本书强调应用性、针对性和技术性，将计算机网络理论知识和实际应用结合起来，具有较强的可操作性。

● 本书介绍广泛应用的云计算技术，以及人们关心的 3 项网络技术应用——FTTH、三网融合和物联网技术。

● 本书提供大量的实验案例与网络仿真实训，突出培养学生的实践动手能力和知识应用能力。

● 本书配套丰富的教学资源，包括教学设计、教学 PPT、微课视频等，便于教师组织教学。

本书由朱士明任主编，周杰、郭鹏任副主编，余飞、孙涛、陈小永任参编。具体编写情况如下：第 1 章和第 2 章由余飞编写，第 3 章和第 7 章由朱士明编写，第 4 章和第 11

章由周杰编写，第 5 章和第 8 章由郭鹏编写，第 6 章和第 9 章由孙涛编写，第 10 章和第 12 章由陈小永编写。全书由朱士明策划和统稿。

在本书的编写过程中，编者得到了新华三技术有限公司、金程科技有限公司等企业专家的支持，在此表示感谢。

本书的参考学时为 78 学时，各章的参考学时如下表所示。

表　各章的参考学时

章	学时分配
第 1 章　计算机网络概述	4
第 2 章　计算机网络体系结构	4
第 3 章　Windows 的常用网络命令	4
第 4 章　局域网组建技术	16
第 5 章　网络互联技术	16
第 6 章　传输层	4
第 7 章　网络操作系统中常用服务器的配置与管理	10
第 8 章　网络安全	6
第 9 章　云计算技术	4
第 10 章　网络故障	4
第 11 章　网络技术应用	4
第 12 章　组网方案实例——某大学校园网组网方案	2
总计	78

由于编者知识水平有限，书中难免有不妥之处，敬请各位读者提出宝贵意见，以便编者进一步完善本书内容。本书配套的电子教学资源放置在人邮教育社区（www.ryjiaoyu.com）上，读者可自行下载。

编者
2024 年 8 月

目 录
CONTENTS

第 1 章

计算机网络概述

知识目标
- 掌握计算机网络的基本概念
- 了解计算机网络的分类
- 认识计算机网络的软硬件组成

技能目标
- 能够查询计算机网络的基本组成
- 学会计算机网络的基本应用

素质目标
- 具备宏观思维能力和认识事物的条理性能力
- 培养检索知识的能力和总结归纳能力

随着计算机技术的快速发展与普及，计算机网络正以前所未有的速度向世界上的每一个角落延伸。计算机网络应用领域极其广泛，包括现代工业、军事国防、企业管理、科教卫生、政府公务、安全防范、智能家电等。网络已经成为社会生活和家庭生活中不可或缺的一部分，如因特网（Internet）、局域网甚至手机通信的通用分组无线服务（General Packet Radio Service，GPRS），生活中处处体现着网络的力量。同时，网络传媒、电子商务等新生事物给更多企业带来了无限的商机。因此学习计算机网络基础知识对于掌握计算机网络操作技能、融入社会生活是非常重要的。

1.1 计算机网络的初步认识

计算机网络是众多计算机借助通信线路连接形成的结果。计算机通过连接的线路相互通信，从而使得位于不同地理位置的人利用计算机可以互相沟通。由于计算机是一种独立性很强的智能化机器系统，因此网络中的多个计算机可以相互协作共同完成某项工作。由此可见，计算机网络是计算机技术与通信技术紧密结合的产物。

除此以外，计算机网络还可用于共享资源。计算机硬盘和其他存储设备中存储了大量的数据或程序等软件资源，网络中也可接入许多功能性设备（如打印机、扫描仪等）等硬件资源，位于计算机网络中的任何计算机都可通过网络通信得到这些资源的使用权，并借助通信线路传输指令，获得软件资源，控制硬件资源，由此便达到了共享资源的目的。

1.1.1　计算机网络的定义

微课视频

计算机网络是指在网络操作系统、网络管理软件和网络通信协议的管理和协调下，通过通信线路将多台具有独立功能的计算机及其位于不同地理位置的外部设备连接起来，实现信息传输和资源共享的计算机系统。计算机网络的主要功能是实现计算机的网络通信、资源共享和集中管理，其中，数据通信是最基本的功能。简化的计算机网络如图 1.1 所示。

图1.1　简化的计算机网络

建立计算机网络是为了使不同地方的人能够利用计算机网络相互交流和协作，从而共同创造资源和共享资源。例如，一家公司在全国各地拥有诸多公司分部和办事机构，要想使这些部门保持持久联系，虽然可以使用电话等传统的通信方式，但这将耗费大量的时间和金钱。如果把各个部门的计算机通过计算机网络连接起来，那么他们可以利用本部门的计算机在网络上进行实时通信，并且可以共同协作，传送资源。例如，公司要求对全国各地的客户进行产品使用的调查，公司总部可在第一时间将调查项目通过网络传输给各个办事机构，各个办事机构则可一起在网络上讨论，将调查项目按照要求分工，从而进行协作，以及通过资源共享传送调查数据，最终完成调查工作并将调查数据汇总至公司总部。此公司的计算机网络如图 1.2 所示。

图1.2　公司计算机网络

在计算机网络的定义中需要强调的是，计算机网络一定是计算机的集合。如图 1.1 和图 1.2 所示，计算机网络除了通信设备和线路系统，其末端都是独立的计算机。网络末端设备通常称为终端，而终端并不一定都是能够独立处理信息的智能化很强的计算机，如超市里最后为人们计算总价并开票的机器和购买体育彩票时所用的"电脑"都不能算作计算机。它们尽管被通信设备和线路系统连接，但本身并不独立，只能算作信息输入输出系统，也称为哑终端。这种哑终端的数据处理实际上是通过网络中的中央计算机进行的（见图 1.3）。哑终端把已经输入的信息传输给中央计算机，中央计算机进行处理，然后把处理好的数据交给哑终端显示。由于中央计算机的性能很好，处理速度很快，所以感觉这些数据就像哑终端自己处理一样。有的哑终端甚至只有显示器和键盘。因此，网络的终端是计算机的才能被称为计算机网络，而以哑终端构建的网络不属于计算机网络。

图1.3　哑终端

1.1.2　计算机网络的发展

1. 计算机网络在美国的发展

20 世纪 80 年代末以来，在网络领域最引人注目的就是起源于美国的因特网的飞速发展。现在，因特网已影响到人们生活的各个方面。那么因特网是怎么产生的，又是怎么发展起来的？下面分别介绍 ARPANET（阿帕网）、NSFNET 及因特网。

（1）ARPANET

在 20 世纪 60 年代中期，美国国防部希望建立一个能在未来战争中不被破坏的网络通信系统。传统的电路交换电话网络太脆弱，因为损失一条线路或一个开关，就会终止所有使用它们的会话，甚至部分网络。国防部把这个问题交给其研究部门 ARPA（国防部高级研究计划署）解决。

ARPA 的成立是由于苏联于 1957 年发射了人造卫星，它的任务是研究可能用于军事的高新技术。ARPA 没有科学家和实验室，它通过资助和合同方式，让技术比较先进的公司和大学来完成任务。在与多个专家进行一些讨论后，ARPA 认为国防部需要的网络应该是当时比较先进的分组交换网，由子网（接口处理机连接而成）和主机组成。建成的由子网和主机组成的 ARPANET，由子网软件、主机协议与应用软件支持。在 ARPA 的支持下，ARPANET 得到了快速发展。随着对协议研究的不断深入，研究人员发现 ARPANET 协议不适用于在多个网络上运行，最后产生了传输控制协议/互联网协议（Transmission Control Protocol/Internet Protocol，TCP/IP）。TCP/IP 是为在互联网上通信而专门设计的。有了 TCP/IP，就可以把局域网很容易地连接到 ARPANET。到了 1983 年，ARPANET 运行稳定并且很成功，拥有数百台接口处理机和主机。此时，ARPA 把管理权交给了美国国防部通信局。

在 20 世纪 80 年代，其他网络陆续连接到 ARPANET。随着规模的扩大，寻找主机的开销太大了，域名系统（Domain Name System，DNS）被引入。到了 1990 年，ARPANET 被它自己派生的 MILNET 取代。

（2）NSFNET

20世纪70年代末期，美国国家科学基金会（NSF）注意到ARPANET在大学科研上的巨大影响，为了能连上ARPANET，各大学必须和国防部签合同。由于这一限制，NSF决定开设一个虚拟网络CSNET，以一台计算机为中心，支持拨号入网，并且与ARPANET及其他网络相连。通过CSNET，学术研究人员可以拨号发送电子邮件。CSNET虽然简单，但很有用。

1984年，NSF设计了ARPANET的高速替代网，向所有的大学研究组织开放。主干网是由56kbit/s租用线路连接组成子网，其技术与ARPANET相同，但协议不同，NSFNET从一开始就使用TCP/IP，使它成为第一个TCP/IP广域网。

NSF还资助了一些地区网，它们与主干网相连，允许数以千计的大学、研究实验室、图书馆、博物馆里的用户访问任何超级计算机，并且相互通信。这个完整的网络包括主干网和地区网，被称为NSFNET，并与ARPANET相连。

NSFNET的第二代主干网的带宽被升级到1.5Mbit/s。

随着网络的不断增长，NSF意识到政府不能再资助NSFNET了。1990年，一个非营利机构ANS（高级网络和服务）接管了NSFNET，并把1.5Mbit/s的带宽提升到了45Mbit/s，从而形成了ANSNET。此网于1995年出售给了美国在线（American Online）。

（3）因特网

当1983年1月1日TCP/IP成为ARPANET上唯一的正式协议后，ARPANET上连接的网络、终端和用户快速增长；NSFNET和ARPANET互联后，更是以指数级增长。很多地区网开始加入，并且开始与加拿大、欧洲和太平洋地区的网络连接。

到了20世纪80年代中期，人们开始把互联的网络集看成互联网，就是后来的因特网。在因特网上，如果一台计算机运行TCP/IP，有一个IP地址，就可以向因特网上其他主机发送分组。许多个人计算机可以通过调制解调器呼叫因特网服务提供方（the Internet Service Provider，ISP），获取一个临时的IP地址，并且向其他因特网主机发送分组。

20世纪90年代中期，因特网在学术界、政府和工业界已非常流行。一个全新的应用——万维网（World Wide Web，WWW）改变了一切，让数以百万计的非学术界的新用户登上了互联网，这也是浏览器出现和超链接作用的结果。万维网使得一个站点可以设置大量主页，以提供包括文本、图片、声音甚至影像的信息，每页之间都有超链接。通过单击超链接，用户就可以切换到该超链接指向的页面。随着因特网商业化及20世纪90年代初万维网的出现，因特网的规模呈现爆炸式的增长。当1994年第一届万维网会议在欧洲核子研究中心举办时，因特网主机数目已经超过了几百万台。

Internet的成功经验如下。

（1）技术发展的积累

经过20多年Internet技术的研究和应用，计算机网络及其应用技术得到快速发展和推广普及，同时产生了巨大的经济效益和社会效益。

（2）市场需求推动技术发展

在Internet发展的许多关键时刻，市场需求推动了技术发展，从TCP/IP的实验网研究、NSFNET的建立到Internet商业化。应用范围由军事国防扩展到学术机构、企业，运营范围也由科研、教育转向商业，市场需求促进了Internet商业化的迅速发展。

（3）实验研究性示范网络

通观 Internet 的发展历史，人们会发现不同时期的实验研究性示范网络都建立在大学和研究单位。这样做除了因为大学和研究单位有较强的研究实力，还因为大学也是为社会培养网络及其应用人才的场所。

（4）公开的技术和标准

Internet 的技术和标准从一开始就是开放的，也就是说是公开的，为人们了解、开发这种技术奠定了较好的基础。

（5）充满活力的企业参与

从建设时通信企业的积极参与，到发展时信息技术（Information Technology，IT）企业的积极参与和支持，企业在 Internet 技术的发展过程中扮演了十分重要的角色。从 NSFNET、Internet 商业化时许多企业大量投资，到成为提供骨干网服务的网络业务提供商（Network Service Provider，NSP）或提供 Internet 接入服务的因特网服务提供方，反映出现代信息产业中投资的重要趋势。

2. 计算机网络在我国的发展

我国最早着手建设计算机广域网的是铁道部。铁道部在 1980 年就开始进行计算机连网实验，当时的几个节点是北京、济南、上海等铁路局及其所属的 11 个分局。节点交换机采用的是 PDP-11，而网络体系结构为 DEC 公司的数字网络体系结构（Digital Network Architecture，DNA）。铁道部的计算机网络是专用计算机网络，其目的是建立一个在上述地区范围、为铁路指挥和调度服务的运输管理系统。

1987 年我国发出第一封电子邮件。

1988 年清华大学校园网采用从加拿大哥伦比亚大学（University of British Columbia，UBC）引进的采用 X.400 协议的电子邮件软件包，通过 X.25 网与加拿大 UBC 相连，开通了电子邮件应用；中国科学院高能物理研究所采用 X.25 协议使本单位的 DECnet 成为西欧中心 DECnet 的延伸，实现了计算机国际远程连网，以及与欧洲和北美地区的电子邮件通信。

1989 年 2 月，我国第一个公用分组交换数据网 CHINAPAC（或简称 CNPAC）通过试运行和验收，达到了开通业务的条件。它由 3 个分组节点交换机、8 个集线器和 1 个由双机组成的网络管理中心组成。3 个分组节点交换机分别设在北京、上海和广州，而 8 个集线器分别设在沈阳、天津、南京、西安、成都、武汉、深圳和北京，网络管理中心设在北京。此外，我国还开通了北京至巴黎和北京至纽约的两条国际电路。

在 20 世纪 80 年代后期，公安部和军队相继建立了各自的专用计算机广域网，这对于迅速传递重要的数据信息起着重要的作用；还有一些部门也建立了专用的计算机网络。

除了上述的广域网，从 20 世纪 80 年代起，国内的许多单位都陆续安装了大量的局域网。局域网的价格便宜，其所有权和使用权都属于本单位，因此非常便于开发、管理和维护。局域网的发展很快，它使更多的人能够了解计算机网络的特点，知道在计算机网络上可以做什么，以及如何才能更好地发挥计算机网络的作用。

1990 年我国注册登记了顶级域名 CN，并委托德国卡尔斯鲁厄大学运行 CN 域名服务器。

1994 年 3 月，我国获准加入互联网，并在同年 5 月完成全部连网工作。

我国网络的发展不能不提四大公用数据网，它们为我国 Internet 的后续发展创造了条件。

它们是：

（1）中国公用分组交换数据网（CHINAPAC）；

（2）中国公用数字数据网（CHINADDN）；

（3）中国公用帧中继网（CHINAFRN）；

（4）中国公用计算机互联网（CHINANET）。

有关资料显示，1994年以来，我国建立了以北京、上海、广州3个骨干直联点为主、交换中心为辅的骨干网间互联顶层架构。2013年，新增成都、武汉、西安、沈阳、南京、重庆、郑州7个骨干直联点。2008年至2014年，我国骨干网容量大幅提升，单端口带宽能力从kbit/s级别提升至Gbit/s级别，骨干网带宽已超100Tbit/s。截至2022年，我国互联网国际出口带宽达到38Tbit/s，根据《国家信息化发展战略纲要》，到2025年，互联网国际出口带宽将达到48Tbit/s。

我国陆续建造了基于因特网技术并可以和因特网互联的10个全国范围的公用计算机网络。

（1）中国公用计算机互联网（CHINANET）。

（2）中国科学技术网（CSTNET）。

（3）中国教育和科研计算机网（CERNET）。

（4）中国金桥信息网（CHINAGBN）。

（5）中国联通互联网（UNINET）。

（6）中国网通公用互联网（CNCNET）。

（7）中国移动互联网（CMNET）。

（8）中国国际经济贸易互联网（CIETNET）。

（9）中国长城互联网（CGWNET）。

（10）中国卫星集团互联网（CSNET）。

这些基于因特网的计算机网络技术发展得非常快，读者可以在有关网站上查找计算机网络的最新数据。

中国互联网络信息中心（CNNIC）每半年发布的《中国互联网络发展状况统计报告》能综合反映我国互联网发展总体情况，调查数据显示，我国已全面建成较为完善的互联网基础设施，网络IPv6地址数量与流量同步增长，工业互联网创新应用不断加快；拥有世界上最大并持续增长的网民规模，城乡上网差距持续缩小，老年群体加速融入网络社会；人均上网时长保持增长，互联网深度融入人民日常生活；网民使用台式计算机、笔记本电脑、电视和平板电脑等更加多元化上网终端设备，手机仍是上网的最主要设备；在我国互联网用户中，基本普及了即时通信、网络视频、短视频等应用，同时在线办公、在线医疗、网上外卖、网约车等的用户规模也得到快速增长。互联网的广泛普及、应用加快推动了数字中国建设。

1.1.3　计算机网络的分类

计算机网络有很多种类，其划分标准也各有不同。例如，按照技术分类，计算机网络可分为以太网、令牌环网、X.25网、ATM（Asynchronous Transfer Mode，异步传输模式）网等；按照交换功能分类，计算机网络可分为报文交换网络、分组交换网络、混合交换网络等；按照网络使用者分类，计算机网络可分为专用网和公用网等。随着网络技术的高速发展，很多种类的网络已经被市场淘汰，现在用的网络都是以太网，数据交换方式为分组交换。因此对于计算机网络种类的划分最常用的是按照地理覆盖范围。

按照地理覆盖范围，计算机网络可分为广域网、城域网、局域网和接入网。

1. 广域网

广域网（Wide Area Network，WAN）的覆盖范围通常从几十千米到几千千米，是覆盖范围最大的一种网络。它可以把不同省份、不同国家、不同地域的计算机或计算机网络连接起来，形成国际性的计算机网络。广域网也是因特网的核心，其任务是长距离传送主机所发出的数据。由于传送距离过长，广域网的通信设备和线路都有能够高速传输大量信息的特点。广域网一般由国家和大规模的通信公司利用卫星、海底光纤、公用网络等组建。

微课视频

2. 城域网

城域网（Metropolitan Area Network，MAN）的覆盖范围仅次于广域网，覆盖范围是几十千米以内的大量的企业、学校、机关等。一般人们认为它可以横跨一个城市，也可以是一个城市的公用网。当然一个城市的多个教育机构或者多家企业也可以拥有自己的城域网。

3. 局域网

局域网（Local Area Network，LAN）的覆盖范围很有限，只有 1km 左右，一般只能作用于一个社区、一个企业、一个校园，甚至一栋大楼和一间房子。一个单位可拥有多个局域网。平时所说的校园网、企业网都属于局域网。局域网也是人们日常生活中最常见、应用最广泛的计算机网络，本书第 4 章将详细讲述局域网技术。图 1.4 所示是最简单的局域网。

图1.4　最简单的局域网

4. 接入网

接入网（Access Network，AN）又称为本地接入网或居民接入网，它是近年来由于用户对高速上网需求的增加而出现的一种网络技术。如电信和网通公司提供给用户接入因特网的非对称数字用户线（Asymmetric Digital Subscriber Line，ADSL）接入技术，以及 FTTX[如 FTTH（光纤到户）、FTTZ（光纤到小区）、FTTC（光纤到路边）]技术。如图 1.5 所示，接入网是个人计算机、局域网和城域网之间的接口，它提供的高速接入技术使用户接入因特网的瓶颈得到某种程度的解决。本书第 11 章将介绍 FTTH 技术。

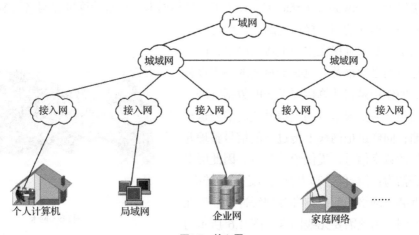

图1.5　接入网

如图 1.5 所示，任何一个计算机网络都可以用一朵云来表示，这种表示方法是国际上通用的。

全球最大的网络是因特网，它被称为"网络的网络"，因为因特网本身就是由全球数不清的各种计算机网络通过通信设备互联而成的，而且接入因特网的计算机网络的数量每天都在增加。其中混合了局域网、城域网、广域网、接入网等网络。各种网络的覆盖范围如表 1.1 所示。

表 1.1　各种网络的覆盖范围

计算机之间的距离	计算机所在地	网络分类
10m	机房	局域网
100m	建筑物内	局域网
1km	校园	局域网
10km	城市	城域网
100km	跨省、市、国家	广域网
1000km	全球范围	因特网

1.2　计算机网络的组成

与任何计算机系统是由软件和硬件组成的一样，完整的计算机网络系统由网络硬件系统和网络软件系统组成。网络硬件系统由计算机、通信设备和线路系统组成，网络软件系统则主要由网络操作系统及包含在网络软件中的网络协议等部分组成。不同技术、不同覆盖范围的计算机网络所用的软硬件配置不同，下面详细介绍。

1.2.1　计算机网络的硬件组成

现在人们用的计算机网络都是以太网（Ethernet），其他类型的网络基本已被市场淘汰。计算机网络的主要硬件配置如下。

1. 网卡

网络接口卡（Network Interface Card，NIC）简称网卡。它是计算机和网络线缆之间的物理接口，是一个独立的附加接口电路。任何计算机要想连入网络都必须确保在主板上接入网卡，因此网卡是计算机网络中最常见也是最重要的物理设备之一。网卡的作用是将计算机要发送的数据整理并分解为数据包，转换成串行的光信号或电信号送至网线上传输；同样也把网线上传过来的信号整理并转换成并行的数字信号，提供给计算机。因此网卡的功能可概括为：并行信号和串行信号之间的转换、数据包的拆装、网络访问控制和数据缓冲等。现在流行无线上网，因此需要无线网卡。图 1.6 所示为

图1.6　网卡

一个网卡。

2. 网线

计算机网络中计算机之间的线路系统由网线组成。网线有很多种类，通常用的有双绞线（见图 1.7）和光纤（光导纤维的简称，见图 1.8）两种。其中双绞线一般用于局域网或计算机间距离小于 100m 的连接。光纤一般用于传输速率快、传输信息量大的计算机网络（如城域网、广域网等）。光纤的质量好、传输速度快，但造价和维护费用相对昂贵；相反，双绞线简单、易用、造价低廉，但只适合近距离通信。计算机的网卡上有专门的接口供网线接入。网线与网线制作的详细内容参见第 4 章。

图1.7　双绞线　　　　　　　　　　　　　　　　图1.8　光纤

3. 集线器

集线器（Hub）如图 1.9 所示。它的主要功能是对接收到的信号进行再生放大，以扩大网络的传输距离，同时把所有节点集中在以它为中心的节点上。集线器工作在网络底层，不具备任何智能功能，它只是简单地把信号放大，然后转发给所有接口。集线器一般只用于局域网，需要接电源，可以把若干台计算机用双绞线连接起来组成一个简单的网络。

4. 调制解调器

调制解调器（Modem）是计算机与电话线之间进行信号转换的装置，它可以完成计算机的数字信号与电话线的模拟信号的互相转换。使用调制解调器可以让计算机接入电话线，并利用电话线接入因特网。由于电话的使用远远早于因特网，所以电话线路系统早已渗入千家万户，并且非常完善和成熟。如果利用现有的电话线上网，可以省去搭建因特网线路系统的费用，也可节省大量的资源。因此现在大多数人在家都利用调制解调器接入电话线上网，如 ADSL 接入技术等。调制解调器（见图 1.10）简单、易用，有内置和外置两种。

图1.9　集线器　　　　　　　　　　　　　　　　图1.10　调制解调器

5. 交换机

交换机（Switch）又称网桥。交换机和集线器在外形上很相似，且都应用于局域网，但交换机是一个具有学习能力的智能设备。交换机接入网络后不仅可以在短时间内学习并掌握此网络的结构及与它连接的计算机的信息，还可以对接收到的数据进行过滤，而后将数据包送至与主机相连的接口。因此交换机比集线器传输速度更快，内部结构也更复杂。一般人们用交换机组建局域网或者用它把两个网络连接起来。市场上最简单的交换机造价100元左右，而用于一个机构的局域网的交换机则需要上千甚至上万元。交换机（见图1.11）的详细介绍参见第4章。

6. 路由器

路由器（Router）是一种连接多个网络或网段的网络设备，它能对不同网络或网段之间的数据信息进行"翻译"，以使它们能够相互"读"懂对方的数据，从而构成一个更大的网络。因此路由器多用于互联局域网与广域网。路由器比交换机更复杂，功能更强大，它可以提供分组过滤、分组转发、优先级、复用、加密、压缩和防火墙功能，并且可以进行性能管理、容错管理和流量控制。路由器的造价远远高于交换机，路由器一般用于把社区网、企业网、校园网或者城域网接入因特网。市场上也有造价几百元的路由器，不过那只是功能不全的简单路由器，只可用于把几台计算机连入网络。路由器（见图1.12）的介绍详见第5章。

图1.11　交换机　　　　　　　　　　　　　　　图1.12　路由器

7. 服务器

通常在计算机网络中都有部分用于或专门用于服务其他主机的计算机，该计算机叫作服务器。其实并不能说服务器是计算机，准确地说它是计算机中用于服务的一个进程。因为一台计算机可以同时运行多个服务进程和客户端进程，它在服务其他主机的同时也可以接受服务，所以很多时候对服务器是很难界定的。当然，大多数的时候人们一定会在计算机网络当中选择几台硬件性能不错的计算机专门用于网络服务，这就是人们通常意义上所说的服务器。但不管怎样，服务器是计算机网络当中一个重要的成员。例如，上网浏览的网页就来源于Web服务器。除此之外，还有动态分址的动态主机配置协议（Dynamic Host Configuration Protocol，DHCP）服务器、共享文件资源的文件传送协议（File Transfer Protocol，FTP）服务器及提供发送邮件服务的E-mail服务器等。服务器的内容详见第7章。

8. 计算机网络终端

按照定义，计算机网络的终端一定是独立的计算机。其实随着硬件技术的飞速发展，除了1.1.1节所提到的哑终端，已经有很多终端不是计算机，如手机。智能手机不仅可以听音乐、发短信，而且都有操作系统，可以阅读文档、拍照、录像、上网、视频通话、在线观看电影、语音输入等。因此，未来"终端"和"独立的计算机"会逐渐失去严格的界限，会有许多的智能设备出现在未来的计算机网络中。

以上设备组成的计算机网络如图 1.13 所示。

图1.13　计算机网络

1.2.2　计算机网络的软件组成

计算机网络除了硬件，还必须有软件的支持才能发挥作用。如果网络硬件系统是计算机网络的"躯体"，那么网络软件系统则是计算机网络的"灵魂"。计算机网络软件系统就是用来驾驭和管理计算机网络硬件资源，使得用户能够有效利用计算机网络的软件集合。在计算机网络软件系统中，网络协议是最重要、底层的内容，有了网络协议的支持才有网络操作系统和其他网络软件。

1. 网络协议

协议是通信双方为了实现通信而设计的约定或对话规则。网络协议则是网络中的计算机为了相互通信和交流而做的约定或规则。这就好比人类在交流沟通的时候约定"点头"表示同意，"摇头"表示不同意，"微笑"表示快乐，"皱眉"表示伤心等。计算机和人类类似，相互传输、读取信息的时候也需要约定。例如，在大多数时候它们约定相互传送数据前必须由一方向另外一方发出请求，在双方都收到对方"同意"的信息时才可开始传送和接收数据。这样的约定或者规则就是计算机网络协议。当然，计算机网络的协议比大家想象的要复杂得多。现在最流行的因特网协议是 TCP/IP，上网用得最多的协议是超文本传送协议（HyperText Transfer Protocol，HTTP）、FTP 等。网络协议是计算机网络软件系统的基础，网络没有了协议就好像比赛失去了规则一样，会失去控制。一台计算机只有在遵守网络协议的前提下，才能在网络上与其他计算机进行正常的通信。

2. 网络操作系统

网络操作系统（Network Operating System，NOS）是计算机网络的"心脏"。它是负责管理整个网络资源，提供网络通信，并给予用户友好的操作界面，为用户提供服务的操作系统。简单地说，网络操作系统就是用来驾驭和管理计算机网络的平台，就像单机操作系统是用来管理和掌控单台计算机一样。只要在网络中的一台计算机上装入网络操作系统，就可以通过这个平台管理和控制整个网络资源。一般的网络操作系统是在计算机单机操作系统的基础上建立起来的，只不过加入了强大的网络功能。例如，Windows 操作系统家族里既有单机版的操作系统 Windows 11，也有网络操作系统 Windows Server 2016、Windows Server 2022 等。

（1）网络操作系统的特点

网络操作系统作为网络用户和计算机之间的接口，通常具有复杂性、并行性、高效性和安全性等特点。一般要求网络操作系统具有如下功能。

① 支持多任务：要求网络操作系统在同一时间能够处理多个应用程序，每个应用程序在不同的内存空间运行。

② 支持大内存：要求网络操作系统支持较大的物理内存，以便应用程序能够更好地运行。

③ 支持对称多处理：要求网络操作系统支持多个中央处理器（Central Processing Unit，CPU）以减少事务处理时间，提高网络操作系统性能。

④ 支持网络负载均衡：要求网络操作系统能够与其他计算机构成一个虚拟系统，满足多用户访问时的需求。

⑤ 支持远程管理：要求网络操作系统能够支持用户通过 Internet 远程管理和维护。例如，Windows Server 2008 操作系统支持的终端服务。

（2）网络操作系统的结构

局域网的组建模式通常有对等网络和客户-服务器网络两种。客户-服务器网络是目前组网的标准模型。客户-服务器网络操作系统由客户机操作系统和服务器操作系统两部分组成。Linux 是典型的客户-服务器网络操作系统。

客户机操作系统的功能是让用户能够使用本地资源以及处理本地的命令和应用程序，并实现客户机与服务器的通信。

服务器操作系统的主要功能是管理服务器和网络中的各种资源，实现服务器与客户机的通信，提供网络服务和网络安全管理。

（3）常见网络操作系统

① Windows 操作系统。Windows 系列操作系统是微软公司开发的一种界面友好、操作简便的操作系统。对于 Windows 操作系统，其客户端操作系统有 Windows 7、Windows 10 和 Windows 11 等，其服务器端操作系统包括 Windows Server 2012 R2、Windows Server 2016 和 Windows Server 2022 等。Windows 操作系统支持即插即用、多任务、对称多处理和集群等一系列功能。

② UNIX 操作系统。UNIX 操作系统是在美国麻省理工学院开发的一种时分操作系统的基础上发展起来的网络操作系统。UNIX 操作系统是目前功能最强、安全性和稳定性最高的网络操作系统之一，它通常与硬件服务器产品一起捆绑销售。UNIX 是多用户、多任务的实时操作系统。

③ Linux 操作系统。Linux 是芬兰赫尔辛基大学的学生林纳斯·托瓦尔兹（Linus Torvalds）开发的具有 UNIX 操作系统特征的新一代网络操作系统。Linux 操作系统的最大特征在于其源代码是向用户完全公开的，任何用户可根据自己的需求修改 Linux 操作系统的内核，所以 Linux 操作系统的发展非常迅猛。Linux 操作系统具有如下特点。

a. 可完全免费获得，不需要支付任何费用。

b. 可在任何基于 x86 的平台和精简指令集计算机（Reduced Instruction Set Computer，RISC）体系结构的计算机系统上运行。

c. 可实现 UNIX 操作系统的所有功能。

d. 具有强大的网络功能。

e. 完全开放源代码。

3. 其他网络软件

对计算机网络软件系统来说，网络操作系统只是一个使用平台。要想真正地驾驭网络硬件、利用网络资源，还必须在网络操作系统这个平台里装入网络软件。这就好比单个计算机装入 Windows 7 后，还是不能制作表格、观看动画等，必须装入 Office、Flash 等应用软件才可以真正地利用计算机来做人们想要做的事情。

网络软件种类繁多。它们运行在网络操作系统这个平台上，并且都能够借助网络操作系统来使用某些网络硬件资源，完成不同的网络任务。人类每天开发出来的新网络软件成千上万，经常用的网络软件如下。

（1）聊天类软件

聊天类软件主要有腾讯 QQ、微信等。现在聊天类软件的功能非常强大。在网上可以利用它们和别人进行文字聊天、语音聊天、视频聊天、文件传输，甚至可以举行视频会议。特别是人们经常使用的腾讯 QQ 还提供 QQ 空间、通讯录、网络硬盘、多人在线通信（QQ 群）、天气预报、新闻资讯、游戏等功能。

（2）Web 浏览器

Web 浏览器包括 Internet Explorer、360、Firefox 等。Web 浏览器是用来浏览网页的工具。浏览网页几乎占领了人们上网的大部分时间，因为因特网资源的呈现载体以网页为主。网页上可以承载资源的种类很多，有图片、文字、音频、视频、动画等。由于 Web 浏览器上集成了相关的网络协议与网络软件，因此通过 Web 浏览器就可以直接浏览图片、观看视频、上传信息，甚至在线聊天等。当然，网页中应用最多的还是超链接。通过超链接，可以进入下一个网页，继续浏览网络资源。

（3）杀毒软件

目前使用最多的杀毒软件是 360 杀毒。杀毒软件一般拥有防毒、查毒、杀毒等功能。所有的计算机只要连上网络都建议安装杀毒软件，以防止被网络病毒感染。杀毒软件需要定期更新病毒库，以保持对病毒的最新认知。防火墙和杀毒软件构筑了计算机的防毒壁垒。

（4）网络播放器

网络播放器主要有暴风影音、搜狗音乐等。网络播放器用于对网络音频和视频资源的播放。通过它可以在线看电影、在线听歌等。由于很多网络软件都集成了网络播放器，使得网络播放器已经广泛应用于互联网中。

（5）网络下载工具

网络下载工具主要有迅雷（Thunder）、BitComet（BT）、Internet Download Manager（IDM）等。现在的网络下载工具都是 P2P（Point to Point，点对点）软件，支持点对点传输。这就使得下载网络资源不再单纯依靠专门的下载服务器，而是可以利用这些软件与网络上所有拥有这些资源的计算机进行连接，并进行点到点的传输。这样做极大地利用了现有的资源，也可以比以前更加方便和快速地下载到用户想要的网络资源。

1.3　计算机网络案例

按照地理覆盖范围划分的 4 种计算机网络，局域网、城域网、广域网和接入网分别用于不同的地方，发挥着不同的作用。在日常生活中最常见的就是局域网。

1.3.1　局域网案例

人类的活动范围是有限的，这些范围包括房间、大楼、社区、校园、企业等。这些空间覆盖范围多则几千米，少则几百米，在有限的空间内搭建的计算机网络都属于局域网，校园网、家庭网、社区网、企业网通常都是局域网。因此，人们每天都在和局域网打交道。而可以凭借个人力量搭建的计算机网络，大多数也都是局域网。

1. 家庭网

家庭网是由每个房间里的计算机组成的网络。如图 1.14 所示，书房里由一台家用无线路由器将因特网接入，使得客厅里的笔记本电脑能够利用无线网卡与路由器相连，并上网。书房里的计算机（PC1）连接在路由器上，主卧室与客房的计算机（PC2、PC3）则通过连接墙内的双绞线连接到路由器。这 4 台计算机看似毫无关系，实则运行在同一个局域网内，简化图如图 1.15 所示。

图1.14　家庭网

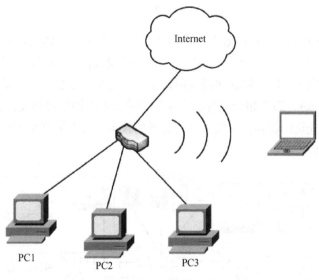

图1.15　家庭网简化图

2. 企业网

企业网也属于局域网，因为企业的财务部、营销部、技术部等部门以及会议室等往往都在同一个楼层里，相隔距离满足局域网的作用范围。图 1.16 展示了一个企业完善的内部网络。通过一个路由器（免疫网关）接入因特网，所有部门的计算机都通过相应的设备与该路由器连接，所有与因特网的通信都要经过该路由器。因此这个路由器是一个典型的网关，可在网关上加上数据过滤、安全防范等模块。而信息中心的作用就是利用该网关，对整个网络系统进行管理和监控。

图1.16　企业网

3. 校园网

校园网是一种较为复杂的局域网，如图 1.17 所示。其复杂性体现在：多媒体教室、机房、备课/教研室、图书馆等，每一个模块都是一个独立的局域网，并且这些局域网配有自己的服务器，结构和功能完全不同。将这些局域网连接在一起实现互联互通，就要求网络带宽达到100Mbit/s 甚至 1Gbit/s，需要相应配置的交换机和路由器等网络设备支持，如图 1.17 所示。无论校园网有多少先进的设备，采用了多少先进的技术，该网络都集中在校园当中，完全符合局域网的作用范围。

图1.17　校园网

1.3.2　城域网案例

城域网是一种覆盖全城或横跨几个城市的计算机网络。这种计算机网络属于市政公用建设范畴，是公用网，一般被称为城市信息公用网或宽带综合信息网。

1. 某城市的信息公用网

图 1.18 展示了某城市的信息公用网。该网络连接了该城市所有的市政机构、企业、医院、学校等，形成了一个覆盖全城的计算机网络。城域网的核心部分主要是由大功率的路由器、交换机等组成的骨干网，该骨干网传输速率快、传输容量大，非常适合长距离传输，满足接入骨干网的速率要求。在骨干网的外围，某个局域网可通过提供给它的路由器接入骨干网，变成城域网的一部分。如贸易集团的内部局域网可通过图中标注"贸易集团"的路由器接入城域网，大学城的校园网也可找到相应的专用路由器来接入城域网。

2. 邮政网

邮政网是典型的跨城市的城域网，如图 1.19 所示。每一个城市都有自己的邮政系统，该邮政系统主要用于邮寄、储蓄、电汇、托运等业务，这就需要一个完整的计算机网络的支持。每一个城市的邮政网是独立的，但各城市间的邮寄、电汇等业务注定了各城市的邮政网必须互联互通，因此邮政网是一个横跨多个城市、连接多个邮政营业点、拥有综合数据处理能力的城域网。

图1.18　某城市的信息公用网

图1.19　邮政网

1.3.3　广域网案例

广域网是一种由国家或大型的电信公司投资建设，覆盖全国的计算机网络。国家负责建设的是广域网的主干网，主干网将各个省级、市级的城域网连接起来，形成一个覆盖全国的广域网。下面介绍华东（北）地区主干网，如图1.20所示。

图1.20　华东（北）地区CERNET主干网示意

中国教育和科研计算机网（CERNET）是一个由国家投资建设、教育部负责管理、清华大学等高等教育机构承担建设与运行任务的全国学术性计算机网络。CERNET 的网络中心设在清华大学校园内，主要用于 CERNET 主干网的管理。CERNET 目前有 10 个地区网络中心和设在 36 个城市的 38 所大学的地区主节点，分布于全国，负责地区网络运行管理和规划建设，图 1.20 中的主干网外围的路由节点连接的是该地区的一所大学。

CERNET 主干网都由高速链路组成，距离可以是几千千米的光纤线路，也可以是几万千米的点对点卫星链路。第二代中国教育和科研计算机网——CERNET2 是中国下一代互联网（China Next Generation Interne，CNGI）示范工程最大的核心网，是世界上规模最大的采用纯IPv6 技术的下一代互联网主干网，也是一个名副其实的广域网。

1.3.4　接入网案例

接入网是近年来为满足用户高速上网需求而产生的一种网络技术。接入网是指由骨干网（或主干网、城域网）到用户终端之间的一系列传送实体（如线路设备和传输设施）组成的网络，为网络服务提供相应传送承载能力的实施系统。其长度一般为几百米到几千米，被形象地称为"最后一公里"。由于骨干网一般采用光纤结构，传输速度快，因此，接入网便成为整个网络系统的瓶颈。

图 1.21 所示的是电话线接入网。网络带宽为 100Mbit/s 乃至 1Gbit/s 的因特网由路由器接入，经过防火墙、拨号接入服务器等功能性设备的检查和过滤，通过本地市话网提供给用户

使用。电话网是在计算机网络出现以前政府投入巨资建设的用于电话通信的通信网络，传输模拟信号，计算机将其数字信号转换成模拟信号就可在电话线上传输。

图1.21　电话线接入网

利用成熟和完善的电话线路可大大减少计算机网络的布线费用，但数字信号与模拟信号的转换，以及模拟信号的传输等技术严重影响了传输的速率和容量，产生传输瓶颈。一般运营商提供给用户的带宽有 10Mbit/s、20Mbit/s、50Mbit/s 等，这与因特网 100Mbit/s、1Gbit/s 的网络带宽形成鲜明对比。接入网的接入方式有电话线接入（如 ADSL 技术）、光纤接入（如 FTTH 技术）、光纤同轴电缆（有线电视电缆）混合接入（如 HFC 技术）、无线接入和以太网接入等几种方式。

1.4　网络标准化组织

标准化不仅使不同的计算机可以通信，而且可以使符合标准的产品扩大市场，有利于大规模生产以及降低成本，从而推动计算机网络的发展。

标准可分为两大类：既成事实的标准和合法的标准。既成事实的标准是那些没有正式计划，仅仅是出现了的标准，如 TCP/IP 体系结构。合法的标准是由一些权威标准化实体采纳的正式的、合法的标准。国际权威组织通常分为两类：根据国家政府间的协议而建立的组织和自愿的非协议组织。在计算机网络标准领域有以下几个不同类型的组织。

1.4.1　电信界最有影响的组织

1. 国际电信联盟

国际电信联盟（International Telecommunication Union，ITU）的工作是标准化国际电信，早期的时候是电报。当电话开始提供国际服务时，ITU 又接管了电话标准化的工作。

ITU 有 3 个主要部门。

（1）无线电通信部门（ITU-R）。

（2）电信标准化部门（ITU-T）。

（3）电信发展部门（ITU-D）。

ITU-T 的任务是提供电话、电报和数据通信接口的技术建议。它们的建议都逐渐成为国际承认的标准，如 V 系列建议和 X 系列建议。V 系列建议针对电话通信，这些建议定义了调制解调器如何产生和解释模拟信号；X 系列建议针对网络接口和公用网络，如 X.25 建议定义了分组交换网络的接口标准。

1953—1993 年，ITU-T 曾被称为 CCITT（国际电报电话咨询委员会）。

2. 电子工业协会

电子工业协会（Electronic Industries Association，EIA）的成员包括电子公司和电信设备制造商。EIA 主要定义设备间的电气连接和数据的物理传输。如 RS-232（或称 EIA-232）标准，它已成为大多数个人计算机（Personal Computer，PC）与调制解调器、打印机等设备通信的规范。

1.4.2　国际标准界最有影响的组织

国际标准是由国际标准化组织（International Organization for Standardization，ISO）制定的，它是在 1947 年成立的一个自愿的、非条约的组织。ISO 在全世界范围内促进标准化工作的开展，为大量科目制定标准，其中包括计算机网络的 OSI 七层参考模型。

ISO 采纳标准的程序基本上是相同的。最开始是某个国家标准化组织觉得在某领域需要有一个国际标准。随后就成立一个工作组，以提出委员会草案（Committee Draft，CD），此委员会草案在所有的成员实体中多数被赞同后，就制定一个修订的文档，称为国际标准草案（Draft International Standard，DIS）。此文档最后获得核准和出版。

电气电子工程师学会（Institute of Electrical and Electronics Engineers，IEEE）是世界上最大的专业组织。除了每年出版大量的杂志和召开很多次会议，在电子工程师和计算机领域内，IEEE 有一个标准化组，制定各种标准。例如 IEEE 802 就是关于局域网的标准。

因特网有以下标准化机构。

（1）因特网活动委员会（Internet Activities Board，IAB）。

（2）因特网体系结构委员会（Internet Architecture Board）。

所有因特网标准都是以 RFC（Request For Comments，请求评论）的形式在因特网上发表的。

本章小结

本章主要介绍了计算机网络的概念、发展、分类和组成，对整个计算机网络进行了整体描述，让读者对计算机网络有整体的印象。

本章的难点是计算机网络的定义，重点是计算机网络的分类和组成，要求读者在学完本章后，能够理解计算机网络的概念，了解计算机网络的组成，分析、认识计算机网络的结构图，并判断该计算机网络属于局域网、城域网、广域网还是接入网。

实训　网络基础

1. 实训目的

（1）学会熟练查看计算机与网络相关的基本配置信息。

（2）学会在局域网内共享资源。

（3）了解局域网内的通信形式。

2. 实训环境

单机（Windows 11）和星形局域网。

3. 实训内容

（1）查看并记录计算机与网络相关信息

① 右击桌面上"计算机"图标，在弹出的快捷菜单中单击"属性"命令，记录：计算机名称为_____、工作组为_____。

② 右击桌面上"网络"图标，然后在弹出的快捷菜单中单击"属性"命令，打开"网络和共享中心"窗口，在该窗口中单击"本地连接"命令，在弹出表单中单击"属性"按钮，记录：网卡型号为_____，已装协议有_____、_____、_____；选择 Internet 协议版本 4（TCP/IPv4）并单击"属性"按钮，记录：IP 地址为_____，子网掩码为_____，默认网关为_____，DNS 为_____。

（2）共享资源

① 右击"计算机"图标，在弹出的快捷菜单中单击"管理"命令，弹出"计算机管理"窗口，在该窗口左侧双击"系统工具"选项，在"系统工具"下双击"本地用户和组"选项，选择"用户"选项，然后双击 Guest 账户，并启用。

② 右击"计算机"图标，在弹出的快捷菜单中单击"管理"命令，弹出"计算机管理"窗口，在该窗口左侧双击"系统工具"选项，在"系统工具"下双击"共享文件夹"选项，选择"共享"，查看已共享情况。

③ 右击"计算机"图标，在弹出的快捷菜单中单击"资源管理器"命令，弹出"我的电脑"窗口，在该窗口中右击某一磁盘（或文件夹），在弹出的快捷菜单中选择"共享和安全"选项，设置其详细的共享属性参数（属性参数具体有_____、_____等）。

④ 共享打印机。添加本地打印机，并设为共享。再把同学共享出来的打印机添加为网络打印机。

单击"开始"→"设置"→"打印机和传真"命令，然后双击"添加打印机"图标。

⑤ 验证共享（自我验证及同学间的相互验证）。右击"开始"菜单按钮，在弹出的快捷菜单中单击"打开 Windows 资源管理器"命令，在地址栏内输入"\\计算机标识"，按 Enter 键。

情况实录（我是这样做的：_____）。

（3）在线通信

了解使用如何 msg 命令在局域网中发送消息。单击"开始"→"运行"命令，或按 Win+R 组合键快速启动命令窗口，弹出"运行"对话框，在该对话框的"打开"文本框内输入"cmd"，按 Enter 键。最后，输入"msg /?"，查看 msg 命令的作用与用法。

主要的功能：_____。

具体使用参数的：_____、_____、_____、_____。

4．实训思考（自评）

（1）我已学会熟练查看计算机与网络相关的基本配置信息。（   ）

（2）我已学会在局域网内共享资源。（   ）

（3）我已了解局域网内的通信形式。（   ）

习　题

1．填空题

（1）按照地理覆盖范围，计算机网络可分为_____、_____、_____和_____。

（2）完整的计算机网络系统由_____系统和_____系统组成。

（3）计算机网络的硬件设备有_____、_____、_____、_____、_____、_____和_____等。

（4）常见网络操作系统有_____、_____、_____等。

2．简答题

（1）什么是计算机网络？

（2）什么是 ARPANET？什么是 CERNET？

（3）请举出几个具体的局域网、城域网、广域网、接入网的实例。

（4）请分析自己家里的计算机网络，并画出布局图。

第**2**章

计算机网络体系结构

知识目标

- 领会计算机网络体系结构的基本概念
- 理解计算机网络的分层
- 了解网络协议的概念

技能目标

- 能够认识计算机网络的体系结构
- 知道网络协议的基本作用

素质目标

- 培养探索未知世界的兴趣
- 养成认识客观世界的规则意识

由于计算机网络技术的高速发展和各国网络技术发展的速度不同，世界上现有的计算机网络国家标准以及计算机网络种类繁多。特别是早期的计算机网络，它们各自奉行截然不同的标准，运行着不同的操作系统与网络软件，使得只有同一制造商生产的计算机组成的网络才能相互通信。如 IBM 公司的系统网络体系结构（System Network Architecture，SNA）和 DEC 公司的 DNA 就是两个典型例子。这样的异构计算机网络相互封闭，它们之间不能相互通信，更无法接入因特网实现资源共享，就像海洋里的一个个孤岛，它们与世隔绝，没有渠道和其他地方沟通来往。为了使它们能够相互交流，必须在世界范围内统一网络协议，制定软件标准和硬件标准，并将计算机网络及其部件所应完成的功能精确定义，从而使不相同的计算机能够在相同功能中进行信息对接。这就是通常所说的计算机网络体系结构（书中多简称为"网络体系结构"）。

2.1 计算机网络体系结构概述

计算机网络体系结构是计算机网络系统的整体设计，它为网络硬件、软件、协议、信息交换、传输会话等提供标准，通过分层精确定义网络软硬件的各种功能，是计算机网络结构最准确的描述与规范。

2.1.1　划分层次的必要性

计算机网络体系结构将网络的所有部件可完成的功能精确定义后，进行独立划分，按照信息交换层次的高低分层，每层都能完整地完成多个功能，层与层之间既相互支持又相互独立。由于网络中的计算机严格按照分层的规定进行数据处理，而在同一层次上不同的计算机执行相同的协议与标准，独立完成一样的网络任务，因此用户和计算机在同一层次进行信息交换与处理时可忽略其他层次的影响独立操作，这样使得复杂的网络信息的交换和处理大大简化，便于人们掌握和使用。

之所以需要分层，是因为计算机网络是非常复杂的系统，其复杂程度远远超过人们的想象。一般，连接在网络上的两台计算机要互相传送文件需要在它们之间建立一条传送数据的通路。其实这还远远不够，至少还有以下几件事情要完成。

（1）为用户提供良好的、易于操作的界面，使用户可方便地操作数据传输，并得知传输过程中的差错与细节。

（2）对传送数据的通路进行监控，使其断开后能够重新建立连接。要建立通路就必须要求网络中的多台计算机进行协商并且相互协作，而监控通路则需要全时段跟踪。

（3）数据发送方必须弄清楚数据接收方是否已经做好数据接收和存储的准备。

（4）因为计算机处理的是并行的数字信号，而网络中传输的是串行的光信号或电信号，这些信号需要在网络中相互转换。此外，如果发送和接收双方需要传输的数据格式不同，不能兼容，要想让接收方兼容识别接收到的数据，需要进行格式转换。

（5）数据传输中会出现各种各样的差错，应对差错，保证接收方计算机能够收到完整、正确的数据，也是通信双方需要做的。

计算机网络需要解决的通信问题远远不止这些。由此可见，相互通信的两台计算机必须高度协调工作才行，而这种协调相当复杂。

为了应对这种复杂的局面，早在设计 ARPANET 的时候就提出了分层的概念。实践表明，对复杂的网络系统进行分层，可以让庞杂的网络信息交换条理明晰，并转化为若干个局部问题，这些局部问题易于处理。就像人类复杂的社会分工，社会中有蓝领阶层、中层干部和高层领导等。每个阶层在工作中相互独立又相互支持，各阶层完成的工作加起来就构成了社会生产的完整体系。

为了更好地说明分层的概念，将上述提到的计算机网络通信需要解决的问题进行归类分层（见图 2.1）。将第一层称为网络接入模块，这个模块的作用就是负责与网络接口有关的细节工作。因为数据在网络传输中会遇到诸如网卡、网线、集线器、交换机、路由器、调制解调器等，这些设备的接口能处理的传输信号有所不同，为了让数据在各种设备间获得一致性的传输，网络中就必须有信号转换和处理设备接口细节的功能。让网络接入模块专门处理这些事情，可见网络接入模块可以驾驭和利用最低层的网络通信硬件资源。在驾驭网络通信硬件资源的基础上，提出第二层（通信服务模块）。这一层的功能是负责建立通信通路，保证以文件为单位传输的数据或文件传送命令在两个系统之间可靠地交换，也就是说这个模块必须有建立网络链路、差错检测、差错应对、差错更正等功能。而这些功能必须建立在有效利用网络通信硬件资源，并使数据在其中稳定传输的基础上，这正好是网络接入模块的功能。由此可见，网络接入模块和通信服务模块相互独立、相互支持。它们在功能上相互独立，没有关联，但是网络接入模块为通信服务模块提供有效的线路服务，通信服务模块为网络接入模块提供稳定、无差错的通信保障。同理，在这两层之上，第三层为文件传送模块。这个模块是在下面两层提供服务的基础之上，为用户提供良好的操作界面，使用户以文件为单位操作数据传输，并得知传输过程中的差错与细节，同时也对文件的不同格式进行转换。

图2.1　网络归类分层

由此可见，分层所带来的好处如下。

（1）层与层之间相互独立

复杂的网络体系结构可分成多层，每层只实现一种相对独立的功能，这样就把问题分成若干个易于解决的局部问题，问题的复杂程度就大大下降了。每一层并不需要知道其他层是如何实现的，而仅仅需要知道怎样通过层间接口向相邻层提供或接受相应的服务。

（2）灵活性好

每一层的工作都是独立进行的，各个网络设备可在同一层次上相互交流，并不受其他层次的影响。由于它们的独立性非常好，只要层间接口关系保持不变，就可以对各层进行修改，其他层均不会受到影响。

（3）结构上可分割

各个层次由于负责的工作不同，因此可以采用最适合的技术，并且不会因为技术的不同影响到整个信息处理与交换。

（4）易于实现和维护

在实现和维护的时候可以分别对各层单独进行处理，而不用担心会影响到其他层次。把各层的问题都处理好了就等于实现了整个网络的正常运行。因此非常易于用户操作、使用和维护。

（5）能促进标准化工作

网络体系结构对每一层的功能及其所提供的服务都已有精确的定义，但是仅定义功能是不够的，两台不同的计算机之间还需要有相应的规则和标准才能够通信。这就是通常所说的网络协议。有了对网络分层功能的精确定义，才可以独立针对某一层制定最适合的协议，且不会出现一个协议可能与多层有联系的情况。因此网络的分层大大促进了网络标准化工作。

在现有的分层网络体系结构中，每一层都被制定了很多的协议，有的网络体系结构甚至是以网络协议的名字来命名的，如 TCP/IP 体系结构，其核心就是 TCP/IP。因此网络协议是计算机网络体系结构中非常重要的内容。

2.1.2　网络协议

所谓计算机网络协议（书中多简称为"网络协议"或"协议"），是计算机网络中的计算机为了进行数据交换而建立的规则、标准或约定。就像竞技比赛中一定要制定比赛规则，这些规则对比赛过程进行约束，并形成某种标准对比赛结果等进行评判。计算机网络协议则主要规定所交换数据的格式以及有关同步与时序的问题。网络协议主要由以下 3 个要素组成。

（1）语法

规定通信双方"如何讲"，即规定数据与控制信息的结构或格式。

（2）语义

规定通信双方"讲什么"，即规定传输数据的类型，以及通信双方要发出什么样的控制信息、执行什么样的动作及做出何种响应。

（3）时序

规定信息交流的顺序，即事件实现顺序的详细说明。

在计算机网络上做任何事情都需要协议，例如从某个主机上下载文件、上传文件等。但在自己的计算机上存储、打印文件是不需要任何协议的。

计算机网络体系结构是一种抽象的、理论化的思想。这种思想包含对网络的层次性划分，对传输的数据包结构以及整个传输处理过程等的规范。而这种思想具体的体现者和实施者是计算机网络的硬件和软件，因此计算机网络的硬件和软件都必须按照体系结构的标准进行设计和生产。在纯理论上，也把计算机网络中所有的设备（包括计算机）都抽象成体系结构中的层次结构，并按照协议规定的规则对其进行研究。早期比较成熟的网络体系结构形成于 20 世纪 70 年代，代表为 IBM 公司研制的 SNA，现今权威的网络体系结构是 OSI 参考模型所构建的七层体系结构，而最流行的当属 TCP/IP 体系结构。

2.2　OSI 参考模型

微课视频

OSI（Open System Interconnection，开放系统互连）参考模型定义了计算机网络系统的层次结构、层次之间的相互关系及各层可能包含的服务。它作为一个框架来协调和组织各层协议的制定，也是对网络内部结构最精练的概括与描述。

2.2.1　OSI 参考模型的产生

20 世纪 70 年代就产生了计算机网络体系结构，网络体系结构作为一种系统结构规范了计算机网络的通信秩序，极大地促进了计算机网络的标准化进程，使得任何符合同一种网络体系结构规范的设备都能够很容易地互联成网。为了争夺市场，有实力的大型公司都纷纷加紧开发或者推出自己的计算机网络体系结构。因为所有的网络硬件和软件都必须按照网络体系结构进行设计和制造，这样显然有利于公司让自己的产品形成垄断，从而确立在市场上的霸主地位。但各种不同网络体系结构的推出与竞争使得计算机网络又陷入了"网络孤岛"的困境，因为不同的网络体系结构使用迥异的网络协议，这样使得按照两种网络体系结构设计出来的设备很难相互沟通。于是计算机网络又被不同的体系结构割裂开，分成一个个孤岛，给网络用户带来极大的不便。

为了打破这种困境，使不同体系结构的计算机网络都能够互联，ISO 于 1977 年成立了专门的机构研究该问题。他们提出了一个试图使各种计算机在世界范围内互联成网的标准框架，即 OSI 参考模型。OSI 参考模型的正式文件形成于 1983 年，即 ISO 7498 国际标准，也就是所谓的七层体系结构。OSI 参考模型试图达到一种境界，即全世界的计算机网络都遵循统一的标准，因而全世界的计算机都将能够很方便地进行互联和交换数据。考虑到计算机网络技术的高速发展，新的事物不断出现，各种标准可能会被不断地更新换代，为此，OSI 参考模型在各个角落都预留了很大的空间以便修改。由此，OSI 参考模型极其复杂，层次众多，一共有 7 层，从低到高依次为物理层、数据链路层、网络层、传输层、会话层、表示层和应用层，如图 2.2 所示。

图2.2　OSI参考模型

2.2.2　OSI 参考模型的层次结构

1. 物理层

物理层（Physical Layer）主要解决"物理媒体数据传输"的问题，主要任务是实现通信双方的物理连接，以比特流的形式透明地传送数据信息，并向数据链路层提供透明的传输服务（透明表示经过实际电路传送后，被传送的比特流没有发生任何变化，电路对其并没有产生任何影响）。所有的通信设备、主机等网络硬件设备都要按照物理层的标准与规则进行设计并通过物理线路互联，这些都构成了计算机网络的基础。物理层建立

微课视频

在传输介质的基础上，是系统和传输介质的物理接口，它是 OSI 参考模型的最低层。

物理层主要描述了传输媒体接口的一些特性，包括如下内容。

（1）机械特性，指明接口所用接线器的形状与尺寸、引线数目和排列、固定和锁定装置等。这类似于各种规格的电源插头及面板，它们的尺寸都有严格的规定。

（2）电气特性，指明在接口电缆的各条线上出现的电压范围。

（3）功能特性，指明某条线上出现的某一电平的电压表示何种意义。

（4）规程特性，指明不同功能的各种可能事件的出现顺序。

2. 数据链路层

数据链路层（Data Link Layer）主要解决"数据每步如何走"的问题，是在物理层提供的比特流传输服务的基础上，实现在相邻节点间点对点地传送一定格式的单位数据，即数据帧。所谓链路就是从一个节点到相邻节点的一段物理线路，而中间没有任何其他的交换节点。所谓数据链路是指，相邻节点的一段物理线路与能够控制在这条线路上传输数据的软件及通信协议的总和。

数据链路层建立了一套链路管理、帧同步、差错控制、流量控制的传输机制，有力地保障了透明、可靠的数据传输。根据网络规模的不同，数据链路层的协议可分为两类：一类是针对广域网的数据链路层协议，如高级数据链路控制（High-Level Data Link Control，HDLC）、点到点协议（Point to Point Protocol，PPP）、串行线路网际协议（Serial Line Internet Protocol，SLIP）等；另一类是局域网中的数据链路层协议，如介质访问控制（Medium Access Control，MAC）子层协议和逻辑链路控制（Logical Link Control，LLC）子层协议。

3. 网络层

网络层（Network Layer）主要解决"数据走哪条路可到达目的地"的问题，主要任务是让两终端系统能够互联互通且决定最佳传输路径，提供路由和寻址的功能，并具有一定的拥塞控制和流量控制的能力。网络层主要用于解决网络设备之间的互联和数据传输的路径问题，具有实现不同底层结构的各种类型的设备与网络之间互联的能力。

网络层是 OSI 参考模型中最关键的一层，位于 OSI 参考模型低层（物理层、数据链路层）与 OSI 参考模型高层（传输层、会话层、表示层、应用层）之间，具有承上启下的作用。网络层的核心内容是互联网协议（IP）。IP 数据包是网络层的传输单元，也是因特网中基本的传输单元，因此所有想要连接到因特网的设备都必须遵守 IP。IP 建立了分组数据交换、IP 地址结构、路由选择等一套机制，通过该机制可屏蔽复杂的底层结构，实现不同类型的计算机网络互联互通，同时也规定了计算机在因特网上进行通信时应当遵守的规则。网络层的功能还包括地址解析、差错检测等。

4. 传输层

传输层（Transport Layer）主要解决"数据传输具体到何处"的问题，负责总体的数据传输和数据控制，实现两个用户进程间端到端的可靠通信。传输层可建立、维护和拆除传输层连接，其服务对象是进程。传输层并不关心具体的传输设备及数据传输路径，只关注数据传输的目的地及整体控制。

传输层是处理数据通信的最后一层，传输层以上各层将不再考虑数据通信及信息传输的问题，只需把传输过来的数据拿过来用就行。传输层处在 OSI 参考模型的中间，向下是通信服务的最高层，向上是用户服务的最低层。传输层不仅可处理通信服务和用户服务之间的转换，还可提供错误恢复和流量控制等机制。

5. 会话层

会话层（Session Layer）主要解决"通信时轮到谁讲话和从何处讲"的问题，用来建立、管理和终止应用程序或进程之间的会话。例如，两节点在正式通信前，需要协商好双方所使用的通信协议、通信方式、如何检错和纠错，甚至是谁先说话谁后说话、怎么开始怎么结束等内容。

会话层的主要任务有远程访问、传输同步、会话管理及数据交换管理等。会话层的功能包括会话连接的流量控制、数据传输、会话连接恢复和释放、会话连接管理、差错控制等。

6. 表示层

表示层（Presentation Layer）主要解决"读懂接收到的数据"的问题，用于处理两个通信系统中交换信息的表示方式，确保一个系统的应用层发送的信息能够被另外一个系统的应用层识别。表示层的作用是，完成应用层所有数据的任何所需的转换，能够将数据转换成当前计算机或系统程序能读懂的格式。它是为在应用程序之间传送的信息提供表示方法的服务，它关心的只是发出信息的语法与语义。表示层主要有不同的数据编码格式的交换功能，还提供数据压缩、解压缩服务，对数据进行加密、解密等功能。

7. 应用层

应用层（Application Layer）主要解决"接收到数据后该做什么"的问题，是 OSI 参考模型中的最高层，直接为应用进程提供服务。应用层的主要任务是在实现多个系统应用进程相互通信的同时，完成一系列业务处理所需的服务，提供常见的网络应用服务。它也是用户与计算机网络之间的接口，为用户提供网络管理、文件传输、事务处理等服务，还可以为用户之间的通信提供专用的程序。

按照 OSI 参考模型，接入计算机网络的每台计算机都可在理论上抽象为以上 7 个层次，这 7 个层次中每一层都通过层间接口与相邻层进行通信，它们分别利用层间接口来使用下层提供的服务，同时向其上层提供服务。不同计算机的同等层具有相同的功能，在理论上可忽略其他层的影响，独立讨论同等层之间的信息交换与处理（见图 2.3）。

图2.3　不同计算机同等层之间的信息交换与处理

2.3　TCP/IP 体系结构

TCP/IP 体系结构是计算机网络的鼻祖 ARPANET 和其后继的因特网使用的体系结构，是互联网使用的事实标准。

2.3.1　TCP/IP 体系结构的产生

20 世纪 80 年代是 OSI 参考模型风头正盛的时候，那个时候 OSI 参考模型刚刚被提出，许多大型公司甚至很多国家的政府都明确支持 OSI 参考模型。从表面上看，形势大好，将来 OSI 参考模型一定是国际标准，全世界都将会按照 OSI 参考模型来构造自己的计算机。但在 10 年后，OSI 参考模型黯然失色，TCP/IP 体系结构取代它成为事实上的国际标准。原因有很多，首先是 TCP/IP 体系结构简单、易用，备受市场青睐。其次，起源于美国的因特网起到推动的作用。因为当时 OSI 参考模型还没有完全建立起来，使用 TCP/IP 的因特网已抢先在世界上覆盖了相当大的范围，几乎垄断软硬件制造的美国制造商纷纷把 TCP/IP 固化到网络设备与网络软件中也是原因之一。概念清楚、体系结构完整的 OSI 参考模型有明显的缺点。OSI 协议过分复杂以及 OSI 标准的制定周期过长使得它在市场化方面严重失败，甚至现今市场上几乎找不到采用 OSI 标准的商用产品。

经过市场化的洗礼，简单、易用的 TCP/IP 体系结构已经成为事实上的国际标准，现在几乎所有的设备都遵循这个标准。其实这个体系结构早期只是 TCP/IP 而已，它并没有一个明确的体系结构。后来因为 TCP/IP 的广泛使用并成为主流，使得人们开始对其进行归纳、整理并形成了一个简单的四层体系结构，包括：网络接口层、网络层、传输层和应用层。它把 OSI 参考模型冗繁的会话层、表示层、应用层合并为应用层，把物理层、数据链路层合并为网络接口层。OSI 参考模型与 TCP/IP 体系结构的对应关系如图 2.4 所示。

图2.4　OSI参考模型与TCP/IP体系结构的对应关系

2.3.2　TCP/IP 体系结构的层次

虽然 TCP/IP 体系结构有很多优点，但它的理论结构并不明晰。例如 TCP/IP 体系结构并未对网络接口层使用的协议做出强硬规定，它里面使用的协议非常灵活，每种类型的网络都不一样。从实质上讲，TCP/IP 体系结构只有 3 层，即应用层、传输层和网络层，因为最下面的网络接口层并没有具体内容。OSI 参考模型虽然概念清楚、体系结构完整，但过于复杂且无市场应用。因此在学习计算机网络层次结构的时候，一般采用折中的办法，将各个体系结构的优点集中，形成五层体系结构，如图 2.5 所示，其层次结构为物理层、数据链路层、网络层、传输层、应用层。

应用层
传输层
网络层
数据链路层

物理层

图2.5　五层体系结构

五层体系结构只是在 OSI 参考模型的基础上，把会话层、表示层和应用层合并成应用层。其他层无论在名称上还是功能上均不改变，所有层的具体功能可参照 2.2.2 节。

本书后面几章就是按照五层体系结构进行展开的。第 4 章介绍的局域网组建技术属于物理层和数据链路层的范畴。由于物理层包含许多硬件标准与通信信号规范，而这些都属于通信学的范围，本书不进行介绍。本书主要介绍的是以太网设备（如集线器、网卡和各种网线等）、制作网线的方法、网络组建技术以及数据链路层所涉及的协议（CSMA/CD 协议等）。第 5 章介绍的网络互联技术属于网络层的范畴，包括的协议有 IP、ARP、RARP、ICMP、路由协议等。第 6 章介绍的传输层属于传输层的范畴，主要介绍的协议有面向连接的 TCP 和面向非连接的 UDP。第 7 章介绍的网络操作系统中常用服务器的配置与管理属于应用层的范畴，将介绍经常用到的 HTTP、DNS、DHCP、FTP 等，利用这些协议才能进行服务器的配置与管理。

2.4　数据包在计算机网络中的封装与传输

微课视频

在计算机网络体系结构中，可以把几乎所有的网络设备都抽象为层次模型。例如路由器可以抽象为一个只有物理层、数据链路层、网络层的三层模型；交换机则是一个有物理层、数据链路层的两层模型；集线器的层次模型只有一层，即物理层。网络中的计算机拥有完整的层次结构，其层次模型如图 2.5 所示，包括物理层、数据链路层、网络层、传输层和应用层。网络体系结构除了分层，还对传输数据单位与整个数据传输进行了规范。

网络设备在传输和处理数据时，由于每一层所用的协议不一样，使得所能够传输和处理的数据包或者数据单元都是不一样的，因此两个设备在相互通信时只有对等层才能读取和处理对方的数据包，才能够相互沟通。由此整个信息交换过程比较复杂，把对等层之间需要交换和处理的信息单元叫作协议数据单元（Protocol Data Unit，PDU）。如图 2.6 所示，假如现在网络节点 A 与网络节点 B 要进行通信，用户利用网络节点 A 中应用层软件向网络节点 B 发送信息。应用层首先对发送的大块信息进行处理，将其分割成一个个独立的数据传输单位，并对其进行封装。

图2.6　数据传输

所谓封装就是按照本层协议的规定将每个数据传输单位的头部和尾部加入特定的协议头和协议尾。而协议头和协议尾里装入的内容则是对整个数据传输单位系统性的描述。这里的封装就好像人们平时写完信后，一定要用信封对信进行封装，并在信封上写上这个信件的收发地址、寄信人、收信人、邮编、日期等。封装完成后，所有的发送信息变成了许多待发送的应用层的协议数据单元，即 A-PDU。而后将 A-PDU 通过层间接口透明地传入传输层。在传输层中，用户可选择使用 TCP 或 UDP，A-PDU 按照 TCP 或 UDP 的规则再次进行分组和封装，相当于在 A-PDU 的头部和尾部再次加入 TCP 或 UDP 协议头和协议尾，从而形成传输层的数据单元 T-PDU。以此类推，网络层接收到传输层的 T-PDU，便按照 IP 将其整理封装成 N-PDU。数据链路层则把 N-PDU 整理封装成 D-PDU，也称为数据帧。最终物理层把一个个数据帧转换成数字信号送入网线传输至网络节点 B。数据包的封装过程如图 2.7 所示。

图2.7　数据包的封装

网络节点 B 的物理层收到数字信号后将其转换成数据帧，并把数据帧交给数据链路层。数据链路层读取数据帧的协议头和协议尾，并对其进行解封装，即把它还原为 N-PDU。N-PDU 是按照 IP 封装的，只有网络层才可读取。以此类推，网络层读取 N-PDU 的系统性描述后，将其再次解封装为 T-PDU。最终协议数据单元被一次次解封装，还原为原来网络节点 A 利用应用层软件发送的原始信息，从而使网络节点 B 的用户方便读取。

由此可以发现，只有对等层才能够相互读取对方发送的数据，例如 A 和 B 的网络层只能读取和发送 N-PDU，传输层则只能读取和发送 T-PDU 等。而 A 的应用层发送了 A-PDU，B 的应用层而后接收到了 A 发送的 A-PDU。虽然这个发送至接收的过程穿越了很多层，数据包被封装、解封装了多次，但在讨论、研究的时候可以把这个复杂的过程忽略，只认为 A 的应用层和 B 的应用层通过传送 A-PDU 为单位的数据进行通信。而这条通信链路是虚拟的，因此可以称为虚通信。同理，所有的对等层都可进行虚通信。

为了说明白这个复杂的问题，用一个现实中的事例进行类比说明。某个养老院有两座 4 层小楼（见图 2.8），每层通信地址为图中数字与字母所标。现 1 层想与 A 层通信，便将写好的信塞于信封中（封装），约定信封地址左上角为寄信人，右下角为收信人（通信协议）。1 层把信传于 2 层，2 层将信再塞入一个信封中并依然按照上边的约定写明收发地址，传给下层。以此类推，最后 4 层用同样的方法处理从上层收到的信，并按照地址寄于 D 层。D 层拆开一层信封并传给 C 层，C 层核实地址，发现收信人是自己，于是拆开信封并交给 B 层，否则丢弃信件。以此类推，最终信安全寄到 A 层。

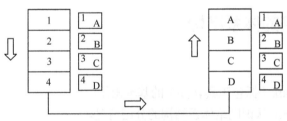

图2.8 现实事例示意

如图 2.8 所示，所有对等层的协议都是一致的。因此从各层发信的地址看，1、2、3、4 层的信都是寄给对等层的，而 A、B、C、D 层都拿到了发给自己的信件（信封右下角为本层地址）。所以对等层通信完全可以不用考虑其他层的因素（见图 2.9）。

图2.9 虚通信

现在请考虑以下三个问题。

（1）把图 2.8 中任意同一层次的协议（约定）改为右下角为寄信人地址，左上角为收信人地址，看看信是否会安全寄到？

（2）把图 2.8 中多层的协议（约定）改为右下角为寄信人地址，左上角为收信人地址，看看信是否会安全寄到？

（3）把图 2.8 中多个层次改为互不相同的协议，看看信是否会安全寄到？

读者可以思考一下，上述问题的答案都是可以安全寄到！这些问题充分说明在一层或多层中进行任何协议修改都不会影响到其他层的通信。因此，这里也验证了在层次结构中阐述的：网络体系结构中，网络各层之间相互独立，对等层之间的通信可以屏蔽下面层次复杂的细节，可看成相互平行的两层之间的逻辑通信，便于实现网络的标准化。这些都是进行虚通信的有力保障。

本章小结

本章主要介绍了计算机网络体系结构与计算机网络协议。在纯理论的层面上，讨论了计算机网络的层次结构以及数据包的传输过程。

本章的难点在于对计算机网络体系结构的理解。计算机网络体系结构主要分为 OSI 参考模型与 TCP/IP 体系结构。OSI 参考模型有 7 层：物理层、数据链路层、网络层、传输层、会话层、表示层、应用层。TCP/IP 体系结构有 4 层：网络接口层、网络层、传输层、应用层。数据包在这些层次结构中遵循网络协议的要求进行封装、传输。

实训　认识网络的体系结构

1. 实验目的
（1）学会 Wireshark（抓包工具软件）的基本操作。
（2）通过 Wireshark 认识网络体系结构的分层情况。

2. 实训环境
（1）网络通信环境中的计算机（操作系统为 Windows 10 或 Windows 11）。
（2）Wireshark。

抓包是指捕获网络通信过程中的数据包，在网络中用指定的协议传输数据包的过程称为网络封包。Wireshark 是一种开源的网络分析工具，即网络分析器。它可以截取各种网络封包，显示网络封包的详细信息，进行网络封包分析。Wireshark 也是最为常用的网络协议分析工具之一，它能够监控网络中的数据，分析流量，从而帮助用户发现网络中的问题，调试网络协议。它使用 WinPCAP（Windows Packet Capture，Windows 数据包捕获器）作为接口，直接与网卡进行数据报文交换。

3. 实训内容
（1）打开 Wireshark。

打开 Wireshark，进入初始页面，如图 2.10 所示。选择当前连接网络的网卡（这里指无线网络 WLAN 2），"双击"该网卡，则开始抓取网络数据。

图2.10　打开Wireshark

（2）抓取网络数据。

抓取网络数据过程中的 Wireshark 页面如图 2.11 所示，该页面主要包括以下内容。

- 菜单栏：用于调试、配置抓包的数据。
- 工具栏：包括常用功能的快捷方式。
- 过滤栏：用于指定过滤条件，过滤出需要的数据包。
- 数据包列表区：核心区域，显示的每一行就是一个数据包。
- 数据包详情区：用于显示数据包的详细数据。
- 数据包字节区：用于显示数据包对应的字节流。
- 状态栏：用于显示软件当前状态与已捕获并显示的分组数量。

单击图 2.11"工具栏"中的"停止"按钮，可以停止抓包。

图2.11　抓取网络数据

（3）保存抓取网络数据。

停止抓包后，选择菜单栏中的"文件"→"保存"选项，能够以文件（默认扩展名为.pcapng）方式保存抓包的数据，如图 2.12 所示。

图2.12　保存抓包的数据

（4）查看抓包的详细信息。

打开已保存的抓包数据文件或者当前抓取网络数据页面（图 2.11），通过 HTTP 过滤，选择数据包列表区中指定的数据包并单击，在数据包详情区中会显示该数据包的详细信息，可以查看协议中的每一个字段，各行信息含义如下。

● Frame：物理层的数据帧概况。

● Ethernet II：数据链路层的以太网帧头部信息。

● Internet Protocol Version 4：网络层的 IP 包头部信息。

● Transmission Control Protocol：传输层的数据段头部信息，此处是 TCP。

● Hypertext Transfer Protocol：应用层使用的封装协议，此处是 HTTP 协议。

● Data：应用层实际传输的数据。

它们与网络体系结构的层次对应关系如图 2.13 所示。

图2.13　数据包详细信息与网络体系结构的层次对应关系

习　题

1. 填空题

（1）OSI 参考模型极其复杂，层次众多，一共有 7 层，从低到高依次为_____、_____、_____、_____、_____、_____和_____。

（2）TCP/IP 体系结构有 4 层，分别为_____、_____、_____、_____。

2. 选择题

（1）在 TCP/IP 体系结构中，与 OSI 参考模型的网络层对应的是（　　）。

　　A. 网络接口层　　　　B. 网络层　　　　　C. 传输层　　　　　D. 应用层

（2）在 OSI 参考模型中，保证端到端的可靠性是在（　　）上完成的。

　　A. 数据链路层　　　　B. 网络层　　　　　C. 传输层　　　　　D. 会话层

3. 简答题

（1）什么是计算机网络体系结构？

（2）什么是计算机网络协议？

（3）计算机网络为什么要分层？

（4）什么是数据包封装？

（5）什么是虚通信？

第 3 章

Windows的常用网络命令

知识目标

- 了解 ping、ipconfig、arp、tracert、netstat、route 命令的作用
- 理解 ping、ipconfig、arp、tracert、netstat、route 命令常用参数的含义
- 学会使用 ping、ipconfig、arp、tracert、netstat、route 命令

技能目标

- 能够使用网络命令查看和诊断网络运行环境
- 能够利用网络工具进行网络维护

素质目标

- 培养解决问题和实践动手能力
- 强化职业技能性和应用性意识

对网络管理员或计算机用户来说，了解和掌握几个实用的 Windows 常用网络命令有助于更好地使用和维护网络。通过使用 Windows 系统自带的一些命令，可以在命令提示符窗口通过使用命令检测或查询网络相关信息，了解网络运行状态，帮助定位网络故障。右击"开始"菜单，输入并运行"cmd"，如图 3.1（a）所示。或者在计算机键盘上按 Win+R 组合键并在弹出的运行提示框中输入"cmd"，然后单击"确定"按钮，进入命令提示符窗口，如图 3.1（b）所示。下面依次介绍 Windows 常用网络命令。

（a）运行提示框

（b）命令行窗口

图3.1 进入命令提示符窗口

3.1　网络命令 ping 的使用

ping 命令是最常用的网络命令，用来检查网络是否畅通和测试网络连接速度。对于网络管理员来说，ping 命令是第一个必须掌握的网络命令。

3.1.1　ping 命令的工作原理与作用

ping 命令的工作原理是：网络上的机器都有唯一的 IP 地址，当给目的 IP 地址发送一个数据包时，对方就要返回一个同样大小的数据包，根据返回的数据包可以确定目的主机的存在，也可以初步判断目的主机的操作系统等。利用 ping 命令可以检查网络是否能够连通，用好 ping 命令可以很好地帮助分析、判断网络故障。

执行 ping 命令可检测一帧数据从当前主机传送到目的主机所需要的时间。它通过发送一些小的数据包，并接收应答信息来确定两台计算机之间的网络是否连通。当网络出现故障时，采用这个命令来检测故障和确定故障源是非常有效的。如果执行 ping 命令不成功，则可以考虑网线是否连通、网卡配置是否正确、IP 地址是否可用等；如果执行 ping 命令成功而网络仍无法使用，那么问题很可能出在网络系统的软件配置方面，执行 ping 命令成功只能保证当前主机与目的主机间存在一条连通的物理路径。

3.1.2　ping 命令的使用

ping 命令只有在安装了 TCP/IP 后才可以使用。ping 命令的使用格式如下。

```
ping [-t] [-a] [-n count] [-l size] [-f] [-i TTL] [-v TOS] [-r count] [-s count]
[[-j host-list] | [-k host-list]] [-w timeout] 目的主机/IP 地址
```

参数说明如下。

-t：ping 指定的计算机直到中断。

-a：将地址解析为计算机名。

-n count：发送 count 指定的 Echo（回响）数据包数。默认值为 4。

-l size：发送包含由 size 指定的数据量的 Echo 数据包。默认值为 32 字节，最大值为 65 527 字节。

-f：在数据包中发送"不分段"标志，数据包就不会被路由上的网关分段。

-i TTL：将"生存时间"字段设置为 TTL 指定的值。

-v TOS：将"服务类型"字段设置为 TOS 指定的值。

-r count：在"记录路由"字段中记录传出和返回数据包的路由。

-s count：指定 count 指定的跃点数的时间戳，即用于记录每个跃点的回响请求消息和响应回响应答消息的到达时间。

-j host-list：利用 host-list 指定的计算机列表路由数据包。

-k host-list：利用 host-list 指定的计算机列表路由数据包。

-w timeout：指定超时时间间隔，单位为毫秒。

目的主机/IP 地址：指定要 ping 的远程计算机。

　　一般使用较多的参数为-t、-n count、-w timeout。想要查看 ping 命令的参数，可以在命令提示符窗口中执行"ping/?"，如图 3.2 所示。

图3.2　查看ping命令的参数

ping 命令的较一般的用法如下。

　　例如，如果 ping 某一网络地址（C:\>ping www.baidu.com），出现"来自 115.239.210.27 的回复：字节=32 时间=15ms TTL=52"，如图 3.3 所示，则表示本地与该网络地址之间的线路是畅通的；如果出现"Request time out"，则表示发送的数据包不能到达目的地，此时可能有两种情况：一种是网络不通；另一种是网络连通状况不佳。这时可以使用带参数的 ping 来确定是哪一种情况。

　　例如，ping www.163.com –t –w 3000 会不断地向目的主机发送数据，并且响应时间增大到 3000ms，此时如果都显示"请求超时"，则表示此网站的网络不畅通。

图3.3　ping网络地址结果

3.2　网络命令 ipconfig 的使用

　　ipconfig 是 Windows 中常用的网络查询命令。

3.2.1　ipconfig 命令的作用

ipconfig 命令也是很基础的网络命令，主要用于查看用户主机内部的网络配置信息，如机器的网卡的物理地址、IP 地址、子网掩码及默认网关等，这些信息一般用来检验人工配置的 TCP/IP 是否正确。因此，如果计算机和所在的局域网使用了动态主机配置协议（DHCP），ipconfig 命令也可以帮助用户改变计算机当前的 TCP/IP 配置信息。ipconfig 命令实际上是进行测试和故障分析的必要命令。

3.2.2　ipconfig 命令的使用

ipconfig 命令的使用格式如下。

```
ipconfig [/? | /all | /release [adapter] | /renew [adapter]
         | /flushdns | /registerdns
         | /showclassid adapter
         | /setclassid adapter [classidtoset] ]
```

使用不带参数的 ipconfig 命令可以查看 IP 地址、子网掩码和默认网关等信息。

部分参数说明如下。

/?：显示 ipconfig 命令的格式和参数的说明。

/all：显示完整信息，即显示与 TCP/IP 相关的所有细节信息，其中包括测试的主机名、IP 地址、子网掩码、节点类型、是否启用 IP 路由、网卡的物理地址、默认网关等。

/release：为指定的适配器（或全部适配器）释放 IP 地址（只适用于 DHCP）。

/renew：为指定的适配器（或全部适配器）更新 IP 地址（只适用于 DHCP）。

例如，在命令提示符窗口中执行 "ipconfig /?"，结果如图 3.4 所示。

图3.4　执行 "ipconfig/?" 后的结果

ipconfig 命令的使用示例如下。

```
C:\>ipconfig
Windows IP Configuration
Ethernet adapter 本地连接:
     Connection-specific DNS Suffix . :
     IP Address. . . . . . . . . . . : 10.111.142.71      //IP 地址
     Subnet Mask . . . . . . . . . . : 255.255.255.0      //子网掩码
     Default Gateway . . . . . . . . : 10.111.142.1       //默认网关
C:\>ipconfig /displaydns        //显示本机上的 DNS 解析程序缓存的内容
C:\>ipconfig /flushdns          //删除本机上的 DNS 解析程序缓存
```

因此，用户使用 ipconfig 命令不仅能查看当前计算机的 TCP/IP 配置信息，还可以在 DHCP 系统上改变 DHCP 配置的 TCP/IP 配置信息。

3.3　网络命令 arp 的使用

网络接口层是 TCP/IP 体系结构中的最低层，包括多种逻辑链路控制和媒体控制协议。该层是对实际网络媒体进行管理，定义如何使用实际网络（如 Ethernet）来传输数据。该层中的地址解析协议（Address Resolution Prototol，ARP）是一个重要的 TCP/IP，用于确定对应 IP 地址的网卡物理地址。

3.3.1　arp 命令的作用

在局域网中，一个主机要和另一个主机进行直接通信，必须知道目标主机的 MAC 地址，而这个 MAC 地址则是通过地址解析协议（ARP）获得的。所谓"地址解析"就是主机在发送帧前将目标地址转换成目标 MAC 地址的过程。ARP 的基本功能就是通过目标设备的 IP 地址，查询目标设备的 MAC 地址，以保证通信顺利进行。

利用 arp 命令可以查看和修改高速缓存区中的 ARP 缓存表表项，即能够查看、添加和删除 IP 地址与物理地址之间的转换表。ARP 缓存表表项中包含一个或多个表，它们用于存储 IP 地址及其经过解析的以太网或令牌环网物理地址。计算机上安装的每一个以太网或令牌环网网卡都有自己单独的表。

3.3.2　arp 命令的使用

arp 命令的使用格式如下。

```
arp -s inet_addr eth_addr [if_addr]
arp -d inet_addr [if_addr]
arp -a [inet_addr] [-N if_addr]
```

如果在没有参数的情况下使用 arp 命令，则将显示帮助信息。

参数说明如下。

-a：显示当前的 ARP 信息，可以指定网络地址。

-d：删除由 inet_addr 指定的主机，可以使用*来删除所有主机。

-s：添加主机，并将网络地址与物理地址相对应，这一项是永久生效的。

inet_addr：Internet 地址。

–N if_addr：显示 if_addr 指定的网络接口的 ARP 选项。

eth_addr：物理地址。

if_addr：如果存在，此参数指定地址转换表应修改的接口的 Internet 地址；如果不存在，则使用第一个适用的接口。

arp 命令的使用示例如下。

```
C:\>arp -a//显示当前所有的表项
Interface: 10.111.142.71 on Interface 0x1000003
  Internet Address      Physical Address     Type
  10.111.142.1          00-01-f4-0c-8e-3b    dynamic //物理地址一般为 48 位，即
                                                        6 个字节

  10.111.142.112        52-54-ab-21-6a-0e    dynamic
  10.111.142.253        52-54-ab-1b-6b-0a    dynamic
C:\>arp -a 10.111.142.71//只显示其中一项
No ARP Entries Found
C:\>arp -a 10.111.142.71//只显示其中一项
Interface: 10.111.142.71 on Interface 0x1000003
  Internet Address      Physical Address     Type
  10.111.142.1          00-01-f4-0c-8e-3b    dynamic
C:\>arp -s 157.55.85.212   00-aa-00-62-c6-09  //添加，可以再输入 arp -a 验证是
                                                 否已添加该表项
```

3.4　网络命令 tracert 的使用

tracert 命令是一个用于检查网络状态的命令，如果网络遇到问题，可以使用该命令检测各个部位的状态，从而判断是哪里有问题，帮助用户逐一排除故障。

3.4.1　tracert 命令的作用

tracert 命令可检测数据包到达目的主机所经过的路径，并且显示数据包经过的中继节点的清单和到达时间。

如果有网络连通性问题，则可以使用 tracert 命令来检测到达目标 IP 地址的路径并记录结果。tracert 命令可显示将数据包从计算机传递到目标位置的一组路由器，以及每个跃点所需要的时间。如果数据包不能传递到目标位置，tracert 命令将显示成功转发数据包的最后一个路由器。tracert 命令一般用来检测故障位置，也可以用 tracert IP 地址确定哪个环节出了问题。

该命令将包含不同生存时间（Time To Live，TTL）值的互联网控制报文协议（Internet Control Message Protocol，ICMP）回显数据包发送到目标位置，以决定到达目标位置采用的路由。要求路径上的每个路由器在转发数据包之前至少将数据包上的 TTL 值递减，所以 TTL 值是有效的跃点计数。当数据包上的 TTL 值达到 0 时，路由器应该将"ICMP 已超时"的消

息发送回源系统。使用 tracert 命令先发送 TTL 值为 1 的回显数据包，并在随后的每次发送过程中将 TTL 值递增 1，直到目标响应或 TTL 值达到最大值，从而确定路由。路由通过检查中级路由器发送回的"ICMP 已超时"的消息来确定路由。不过，有些路由器悄悄地下传包含过期 TTL 值的数据包，而 tracert 命令也看不到这些数据包。

3.4.2　tracert 命令的使用

tracert 命令的使用格式如下。

```
tracert [-d] [-h maximum_hops] [-j host-list] [-w timeout] target_name
```

参数说明如下。

-d：指定不将地址解析为计算机名。

-h maximum_hops：指定搜索目标的最大跃点数默认为 30。

-j host-list：指定沿 host-list 的稀疏源路由列表序进行转发。

-w timeout：每次应答等待 timeout 指定的微秒数。

target_name：目标计算机的名称。

tracert 命令比较简单的一种用法如下。

```
C:\>tracert www.ahdy.edu.cn
```

通过最多 30 个跃点跟踪到 www.ahdy.edu.cn [220.178.150.41]的路由。

```
  1   <1 ms   <1 ms   <1 ms  192.168.0.1
  2   <1 ms   <1 ms   <1 ms  172.16.183.1
  3   <1 ms  <10 ms  <10 ms  2.0.0.4
  ......
```

跟踪完成。

3.5　网络命令 netstat 的使用

如果网络应用程序（如 Web 浏览器）运行速度比较慢，或者不能显示 Web 页之类的数据，则可以用 netstat 命令来查看网络运行的统计信息，根据统计信息找出出错的关键字，进而确定问题所在。

3.5.1　netstat 命令的作用

netstat 命令主要用于检测网络的使用状态，显示网络连接、路由表和网络接口信息，可以让用户得知目前哪些网络正在连接及连接状态如何。

该命令使用 NBT（TCP/IP 上的 NetBIOS）显示协议统计信息且和当前 TCP/IP 连接。该命令只有在安装了 TCP/IP 之后才可用。

3.5.2　netstat 命令的使用

netstat 命令的使用格式如下。

```
netstat [-a remotename] [-A IP address] [-b] [-e] [-n][-o] [-r] [-p proto] [-s][-v]
[interval]
```

参数说明如下。

-a remotename：使用远程计算机的名称并列出其名称表。

-A IP address：使用远程计算机的 IP 地址并列出名称表，即通过远程计算机的 NetBIOS
名称查看其当前状态。

-b：显示在创建每个连接或监听端口时涉及的可执行组件。

-e：显示以太网信息，可与-s 组合使用。

-n：列出本地 NetBIOS 名称。"已注册"表明该名称已被广播（Bnode）或者 WINS（其
他节点类型）注册。

-o：显示拥有的与每个连接关联的进程 ID。

-r：显示路由表。

-p proto：显示 proto 指定的协议的连接信息，常与-s 配合使用。

-s：显示协议统计信息，默认显示 IP、IPv6、ICMP、ICMPv6、TCP、TCPv6、UDP 和
UDPv6 的统计信息。

-v：与-b 一起使用时将显示为所有可执行组件创建连接或监听端口的组件。

interval：重新显示选中的统计信息，在每次显示之间暂停 interval 秒。按 Ctrl+C 组合键
停止重新显示统计信息。如果省略该参数，netstat 命令输出一次当前的配置信息。

netstat 命令的使用如下。

```
C:\>netstat -a 周围主机的 IP 地址
C:\>netstat -e
C:\>netstat -n
C:\>netstat -s
```

3.6　网络命令 route 的使用

大多数路由器使用专门的路由协议来交换和动态更新路由器之间的路由表。但在有些情
况下，必须人工将项目添加到路由器和主机上的路由表中。route 命令就是用来查看、人工添
加和修改路由表项目的。

3.6.1　route 命令的作用

大多数主机一般是驻留在只连接一个路由器的网段上。由于只有一个路由器，因此不存
在使用哪一个路由器将数据包发送到远程计算机上的问题，该路由器的 IP 地址可作为该网段
上所有计算机的默认网关来输入。但是，当网络上拥有两个或多个路由器时，就不一定只依
赖默认网关了。实际上，可能想让某些远程 IP 地址通过某个特定的路由器来传递信息，而其
他的远程 IP 地址则通过另一个路由器来传递信息。在这种情况下，就需要相应的路由信息，
这些信息存储在路由表中，每个主机和每个路由器都配有自己独一无二的路由表。这时可以
利用 route 命令人工将路由表项目添加到路由器和主机上的路由表中。

3.6.2　route 命令的使用

route 命令只有在安装了 TCP/IP 后才可以使用。route 命令的使用格式如下。

```
route [-f] [-p] [command [destination] [mask subnetmask] [gateway] [metric
costmetric]]
```

参数说明如下。

-f：清除所有网关入口的路由表。如果该参数与某个命令组合使用，路由表将在执行命令前被清除。

-p：该参数与 add 命令一起使用时，将使路由在系统引导程序之间持久存在。默认情况下，系统重新启动时不保留路由。该参数与 print 命令一起使用时，将显示已注册的持久路由表，忽略其他总是影响相应持久路由的命令。

command：指定下列的一个命令。

命令	作用
print	输出路由
add	添加路由
delete	删除路由
change	更改现存路由

destination：指定发送 command 的计算机。

mask subnetmask：指定与该路由条目关联的子网掩码。如果没有指定，将使用 255.255.255.255。

gateway：指定网关。

metric costmetric：指派整数跃点数（1～9999），在计算最快速、最可靠和（或）最便宜的路由时使用。

例如，本机 IP 地址为 10.111.142.71，默认网关是 10.111.142.1，假设此网段上另有一网关为 10.111.142.254，现在想添加一项路由，使得当访问 10.13.0.0 子网时通过这一个网关，那么可以使用如下命令。

```
C:\>route add 10.13.0.0 mask 255.255.0.0 10.111.142.1
C:\>route print //执行此命令查看路由表，看是否已经添加了
C:\>route delete 10.13.0.0
C:\>route print //此时可以看见添加的项已经没有了
```

本章小结

为了更好地了解、使用和维护网络，本章介绍了几个实用的 Windows 常用网络命令，即 ping、ipconfig、arp、tracert、netstat 和 route，说明了这些命令的作用、使用格式及常用参数的含义。通过使用 Windows 系统自带的这些命令，可以在命令提示符窗口检测或查询网络相关信息，帮助了解网络运行状态，判断网络运行的异常现象，解决一些网络问题。

实训　ping 命令的使用

1. 实训目的
掌握 ping 命令的用途和使用方法。

2. 实训准备
实训前认真学习 ping 命令的相关使用格式和含义。

3. 实训步骤
使用 ping 命令可以测试计算机名和计算机的 IP 地址，验证与对方计算机的连接，通过向对方主机发送 ICMP 回响请求消息来验证与对方 TCP/IP 计算机的 IP 级连接。回响应答消息的接收情况将和往返过程的次数一起显示出来。ping 是用于检测网络连接性、可到达性和名称解析的疑难问题的主要 TCP/IP 命令。如果不带参数，ping 命令将显示帮助信息。

使用 ping 命令执行如下操作，并观察执行结果。

（1）连续发送 ping 探测报文：ping -t 本机 IP 地址。

指定在用户强制中断前，ping 可以持续发送回响请求信息到目的地。要中断并显示统计信息，按 Ctrl+Break 组合键。要中断并退出 ping，按 Ctrl+C 组合键。

（2）指定对目的 IP 地址进行反向名称解析，如果解析成功，ping 将显示相应的主机名：ping -a 命令 目的 IP 地址。

（3）指定发送回响请求消息的次数，默认值为 4：ping -n count 命令 本机 IP 地址。

（4）指定发送的回响请求消息中"数据"字段的长度（以字节表示），默认值为 32 字节，size 的最大值是 65 527 字节：ping -l size 命令 目的主机/IP 地址。

（5）在数据包中设置"不分段"标记（仅适用于 IPv4），数据包就不会被路由上的网关分段：ping -f 命令 目的主机/IP 地址。

（6）修改 ping 命令的请求超时时间：ping -w 命令 目的主机/IP 地址。

指定等待每个回送应答的超时时间，单位为 ms，默认值为 1000ms。

4. 实训思考
通过对 ping 命令使用的学习，完成如下操作。

（1）验证网卡工作正常与否。

（2）验证网络线路正常与否。

（3）验证 DNS 配置正确与否。

（4）估算你所用局域网的最大传输单元（Maximum Transmission Unit，MTU）是多少（使用 ping－f－l 参数）。

习　题

1. 选择题
（1）如果想知道网卡的物理地址，可以用以下（　　）命令。

    A．ping　　　　　　　　B．ipconfig　　　　　　　C．netstat　　　　　　　D．tracert

（2）使用命令 ping www.baidu.com，出现"来自 115.239.210.27 的回复：字节=32 时间=15ms TTL=52"，表示的含义为（   ）。

    A. 网络连通状况不佳   B. 网络不通

    C. 网络畅通   D. 命令出错

（3）如果想了解数据包到达目的主机所经过的路径、显示数据包经过的中继节点清单和到达时间，可选用以下（   ）命令。

    A. ping   B. ipconfig   C. netstat   D. tracert

（4）ARP 的主要功能是（   ）。

    A. 将 MAC 地址解析为 IP 地址   B. 将 IP 地址解析为物理地址

    C. 将主机域名解析为 IP 地址   D. 将 IP 地址解析为主机域名

2. 简答题

（1）简述常用的网络命令有哪些，各自的功能是什么。

（2）简述如何使用 ping 命令来判断网络的连通性。

（3）简述 ARP 的工作原理。

第 4 章

局域网组建技术

知识目标

- 认识局域网概念并领会 IEEE 802 标准及其主要标准
- 掌握局域网组网的主要设备及可采用的技术
- 掌握无线局域网技术
- 理解虚拟局域网技术

技能目标

- 能够组建局域网
- 能够配置无线局域网
- 学会划分和配置虚拟局域网

素质目标

- 培养严谨治学的科学态度和创新意识
- 培养学以致用的实践能力
- 养成良好的学习习惯和团队协作精神

局域网是最常见的计算机网络。校园网、企业网,甚至网吧、机房里使用的网络都是局域网。局域网作用范围小,且容易组建,成本低廉,甚至用一根网线将两台计算机相连,便可形成一个最简单的局域网。一般来说,较大的局域网都会利用集线器、交换机等网络通信设备将所有的计算机相连。那么到底如何组建一个局域网?组建后的局域网又是如何工作的呢?本章将会进行详细的阐述。

4.1 局域网概述

局域网是当今计算机网络技术应用与发展非常活跃的一个领域。企业、政府部门乃至住宅小区内的计算机都通过局域网连接起来，以达到资源共享、信息传递和数据通信的目的。信息化进程的加快，更是刺激了通过局域网进行网络互联需求的剧增。因此，理解和掌握局域网技术就显得更加重要。

局域网的发展始于 20 世纪 70 年代，至今仍是网络发展中的一个活跃领域。由于 20 世纪 70 年代初，国际上推出了个人计算机并逐渐进入市场，个人计算机在计算机中所占比例越来越大，由此也推动了局域网的发展。早在 1972 年，美国加利福尼亚大学就研制了被称为分布式计算机系统（Distributed Computer System，DCS）的 Newhall 环网。1974 年，英国剑桥大学研制的剑桥环网（Cambridge Ring）和 1975 年美国 Xerox 公司推出的第一个总线拓扑结构的实验性以太网（Experimental Ethernet）则成为最初局域网的典型代表。1977 年，日本京都大学首度研制成功了以光纤为传输介质的局域网。

20 世纪 80 年代以后，随着网络技术、通信技术和微型机的发展，局域网技术得到了迅速的发展和完善，多种类型的局域网纷纷出现，越来越多的制造商投入局域网的研制潮流中，一些标准化化组织也致力于局域网的有关标准和协议的制定。同时，包括传输介质和转接器件在内的网络组件，连同高性能的微型机一起构成了局域网的基本硬件基础，使局域网被赋予更强的功能和生命力。到了 20 世纪 80 年代后期，局域网的产品就已经进入专业化生产和商品化的成熟阶段。在此期间，局域网的典型产品有美国 DEC、Intel 和 Xerox 这 3 家公司联合研制并推出的 3COM Ethernet 系列产品和 IBM 公司开发的令牌环网，与此同时，Novell 公司设计并生产出了 Novell NetWare 系列局域网操作系统产品。

到了 20 世纪 90 年代，局域网更是在速度、带宽等指标方面有了更大进展，并且在局域网的访问、服务、管理、安全和保密等方面都有了进一步的改善。例如，以太网产品从传输速率为 10Mbit/s 发展到 100Mbit/s 的高速以太网，并继续提高至千兆（1000Mbit/s）以太网。至 2002 年，IEEE 还颁布了关于万兆以太网的标准。

4.1.1　局域网的特点

局域网技术是当前计算机网络研究与应用的一个热点技术，也是目前发展最快的技术之一。局域网具有如下特点。

（1）网络所覆盖的地理范围比较小，通常只有 1km 左右，甚至只在一个建筑物或一个房间内。

（2）具有较高的数据传输速率，通常为 10Mbit/s～100Mbit/s，高速局域网可达 1Gbit/s（千兆以太网）。

（3）协议比较简单，网络拓扑结构灵活多变，容易进行扩展和管理。

（4）具有较低的延迟和误码率，其误码率范围一般为 10^{-10}～10^{-8}，这是因为传输距离短，传输介质质量较好，所以可靠性高。

（5）局域网的经营权和管理权属于某个单位，与通常由服务提供商提供的广域网形成鲜明对照。

（6）便于安装、维护和扩充，建网成本低、周期短。

尽管局域网地理覆盖范围小，但这并不意味着它必定是小型的或简单的网络。局域网可以扩展得相当大或者非常复杂，配有成千上万用户的局域网也是很常见的。

　　局域网的应用范围极广，可应用于办公自动化、生产自动化、企事业单位的管理、银行业务处理、军事指挥控制、商业管理等方面。局域网的主要功能首先是实现资源共享，其次是更好地实现数据通信与交换，以及数据的分布处理。

　　一般来说，决定局域网特性的主要技术要素是网络拓扑结构、传输介质与介质访问控制方法。

4.1.2　局域网的拓扑结构

　　在计算机网络中，计算机等网络设备要实现互联，就需要以一定的结构进行连接，这种连接方式就叫作"拓扑结构"。通俗地讲，拓扑结构用来描述网络设备是如何连接在一起的。局域网与广域网的一个主要区别在于它们覆盖的地理范围不同，由于局域网设计的主要目标是覆盖一个公司、一所大学或一幢甚至几幢大楼的"有限的地理范围"，因此它的基本通信机制选择了"共享介质"方式和"交换"方式。即局域网在传输介质的物理连接方式、介质访问控制方法上形成了自己的特点，在网络拓扑上主要采用总线型、环形与星形结构。

微课视频

1. 总线型拓扑结构

　　总线型拓扑结构是局域网最主要的拓扑结构之一，如图 4.1 所示。总线型拓扑结构中所有节点都直接连接到一条作为公共的总线上，所有节点都可以通过总线发送或接收数据，但一段时间内只允许一个节点利用总线发送数据。当一个节点利用总线以"广播"方式发送信号时，其他节点都可以"收听"到所发送的信号。由于总线作为公共传输介质为多个节点所共享，所以在总线型拓扑结构中就有可能出现同一时刻有两个或两个以上节点利用总线发送数据的情况，这种现象被称为"冲突"（Collision）。冲突会造成数据传输的失败，因为接收节点无法从所接收的信号中还原出有效的数据。因此需要提供介质访问控制机制来解决冲突问题。

（a）总线型局域网的连接　　　　　　　　　　（b）总线型局域网的拓扑结构

图4.1　总线型局域网

　　总线型拓扑结构的优点如下。

（1）结构简单，价格低廉，实现容易；易于安装和维护。

（2）节点入网灵活，易于扩充，增加或减少节点比较方便。

（3）某个节点的故障不影响网络的工作。

总线型拓扑结构的缺点如下。

（1）总线的传输距离有限，通信范围受到限制。

（2）故障诊断和隔离较困难，传输介质故障难以排除。

2. 环形拓扑结构

在环形拓扑结构中，所有的节点通过通信线路连接成一个闭合的环，如图4.2所示。在环中，数据沿着一个方向绕环逐节点传输。环形拓扑结构也是共享传输介质结构，多个节点共享一条环形通路。为了确定环中每个节点在什么时候可以传送数据帧，同样要提供旨在解决冲突问题的介质访问控制机制。

微课视频

（a）环形局域网的连接　　　　　　　　　　（b）环形局域网的拓扑结构

图4.2　环形局域网

由于数据帧在封闭环中必须沿每个节点单向传输，因此，环中任何一个节点发生故障都会使各节点之间的通信受阻。为了增加环形拓扑结构的可靠性，人们还引入了双环拓扑结构。所谓双环拓扑结构就是在单环的基础上，在各节点之间再连接一个备用环，当主环发生故障时，由备用环继续工作。

环形拓扑结构的优点如下。

（1）能够较有效地避免冲突。

（2）电缆长度短，将各节点逐次相连便可组建环形拓扑结构网络。

（3）可使用光纤。

环形拓扑结构的缺点如下。

（1）某一节点的故障会引起全网故障，故障检测困难。

（2）增加和减少节点较复杂，单环传输不可靠。

（3）结构中的网卡等通信部件比较昂贵且管理较复杂。

3. 星形拓扑结构

星形拓扑结构是由中央节点和一系列通过点到点链路接到中央节点的节点组成的，它是目前局域网中最常用及最主要的一种拓扑结构，如图4.3所示。各节点以中央节点为中心相连接，各节点与中央节点以点对点方式连接。任何两节点之间的数据通信都要通过中央节点，中央节点集中执行通信控制策略，主要完成节点间通信时物理连接的建立、维护和拆除。

（a）星形局域网的连接　　　　　　　　（b）星形局域网的拓扑结构

图4.3　星形局域网

星形拓扑结构的优点如下。

（1）控制简单，管理方便，利用中央节点可方便地提供网络连接和重新配置。

（2）容易诊断故障和隔离故障，且单个连接点的故障只影响一个设备，不会影响全网。

（3）可扩充性强，组网容易，便于维护。

星形拓扑结构的缺点如下。

（1）电缆长度较长，安装工作量大。

（2）中央节点的负担较重，易形成瓶颈。

（3）中央节点的故障会直接造成网络瘫痪。

4.2　局域网协议和体系结构

局域网出现之后，发展迅速，类型繁多，为了促进产品的标准化以增加产品的互操作性，1980 年 2 月，IEEE 成立了局域网标准化委员会（简称 IEEE 802 委员会），研究并制定了关于局域网的 IEEE 802 标准。在这些标准中根据局域网的多种类型，规定了各自的拓扑结构、介质访问控制方法、帧的格式和操作等内容。

4.2.1　IEEE 802 标准概述

1985 年，IEEE 公布了 IEEE 802 标准的 5 项标准文本，同年该标准被美国国家标准学会采纳作为美国国家标准。后来，ISO 经过讨论，建议将 IEEE 802 标准定为局域网国际标准。

IEEE 802 委员会为局域网制定了一系列标准，主要有如下 12 种，其中各个子标准之间的关系如图 4.4 所示。

（1）IEEE 802.1 概述局域网体系结构以及寻址、网络管理和网络互联。

（2）IEEE 802.2 定义逻辑链路控制（LLC）子层的功能与服务。

（3）IEEE 802.3 描述总线以太网介质访问控制协议及相应物理层规范。

（4）IEEE 802.4 描述令牌总线（Token Bus）网介质访问控制协议及相应物理层规范。

（5）IEEE 802.5 描述令牌环（Token Ring）网介质访问控制协议及相应物理层规范。

（6）IEEE 802.6 描述城域网介质访问控制协议及相应物理层规范。

（7）IEEE 802.7描述宽带网介质访问控制方法及相应物理层规范。

（8）IEEE 802.8描述光纤网介质访问控制方法及相应物理层规范。

（9）IEEE 802.9描述语音和数据综合局域网技术。

（10）IEEE 802.10描述局域网安全与解密问题。

（11）IEEE 802.11描述无线局域网技术。

（12）IEEE 802.12描述高速局域网介质访问控制方法及相应物理层规范。

图4.4　IEEE 802标准的结构

IEEE 802标准实际上是一个由一系列标准组成的标准体系。随着局域网技术的发展，该体系在不断地增加新的标准，其中IEEE 802.3家族就随着以太网技术的发展出现了许多新的成员。

4.2.2　局域网的体系结构

IEEE 802标准的局域网的体系结构与OSI参考模型有相当大的区别，如图4.5所示，局域网只涉及OSI参考模型中的物理层和数据链路层。那么为什么没有网络层及网络层以上的各层呢？首先，局域网是一种通信网，只涉及有关通信的功能。其次，由于局域网基本上采用共享信道的技术，所以也可以不设立单独的网络层。也就是说，不同局域网技术的区别主要在物理层和数据链路层，当这些不同的局域网需要在网络层实现互联时，可以借助其他已有的通用网络层协议（如IP）。

图4.5　OSI参考模型与IEEE 802标准的局域网体系结构的对应关系

从图 4.5 中还可以看出，局域网的物理层和 OSI 参考模型的物理层功能相当，主要涉及局域网物理链路上原始比特流的传送，定义局域网物理层的机械、电气、规程和功能特性，如信号的传输与接收，同步序列的产生和删除，物理连接的建立、维护、撤销等。物理层还规定了局域网所使用的信号、编码、传输介质、拓扑结构和传输速率。例如，信号编码可以采用曼彻斯特编码；传输介质可以采用双绞线、同轴电缆、光纤甚至无线传输介质；拓扑结构则支持总线型、星形、环形和混合型等；局域网的物理层还可提供多种不同的数据传输速率。

数据链路层的一个主要功能是适应种类多样的传输介质，并且在任何一个特定的传输介质上都能处理信道的占用、节点的标识和寻址问题。在局域网中这个功能由 MAC 子层实现。由于 MAC 子层因物理层传输介质的不同而不同，它由多个标准分别定义。例如 IEEE 802.3 定义了以太网的 MAC 子层，IEEE 802.4 定义了令牌总线网的 MAC 子层，而 IEEE 802.5 定义了令牌环网的 MAC 子层，IEEE 802.11 定义了无线局域网。此外，MAC 子层还负责对入站的数据帧进行完整性校验。

MAC 子层使用 MAC 地址（也称物理地址）标识每一个节点。通常发送方的 MAC 子层将目的计算机的 MAC 地址添加到数据帧上，当此数据帧传递到接收方的 MAC 子层后，它检查该帧的目的地址是否与自己的地址相匹配。如果目的地址与自己的地址不匹配，就将这一帧抛弃；如果相匹配，就将它发送到上一层。

数据链路层的另一个主要功能是封装和标识上层数据。在局域网中这个功能由 LLC 子层实现。IEEE 802.2 定义了 LLC 子层，为 IEEE 802 系列标准共用。

LLC 子层对网络层数据添加 LLC 头进行封装，为了区分网络层数据类型，实现多种协议复用链路，LLC 子层用服务访问点（Service Access Point，SAP）标识上层协议。LLC 子层包括两个服务访问点：源服务访问点（Source Service Access Point，SSAP）和目的服务访问点（Destination Service Access Point，DSAP），分别用以标识发送方和接收方的网络层协议。SAP 长度为 1 字节，且仅保留其中 6 位用于标识上层协议，因此其能够标识的协议数不超过 32。为确保 IEEE 802.2 LLC 支持更多的上层协议，IEEE 发布了 IEEE 802 子网访问协议（SubNetwork Access Protocol，SNAP）标准。IEEE 802.2 SNAP 也用 LLC 头封装上层数据，但其扩展了 LLC 属性，将 SAP 的值设置为 AA，而新添加了一个 2 字节长的协议类型（Type）字段，从而可以标识更多的上层协议。

4.2.3　IEEE 802.3

IEEE 802.3 定义了总线以太网标准，是一个使用 CSMA/CD（Carrier Sense Multiple Access with Collision Detection，带冲突检测的载波监听多路访问）的标准。最初大部分局域网是将许多计算机都连接到一根总线上，即总线网。总线网的通信方式是广播通信，当一台计算机发送数据帧时，总线上所有计算机都能检测到这个数据帧。仅当数据帧中的目的地址与计算机的地址一致时，该计算机才接收这个数据帧。计算机对不是发送给自己的数据帧一律不接收（即丢弃），如图 4.6 所示。

图4.6　总线型局域网通信方式

在总线上，只要有一台计算机发送数据，总线的传输资源就被占用。因此，在同一时间只能允许一台计算机发送数据，否则各计算机之间就会相互干扰，谁都无法正常发送数据。如何协调总线上各计算机的工作呢，总线以太网采用了一种特殊的技术，即 CSMA/CD 技术。

CSMA/CD 的工作原理可概括成 4 句话：先听后发，边听边发，冲突停止，延迟重发。其工作过程如图 4.7 所示。

图4.7　CSMA/CD的工作过程

（1）当一个节点想要发送数据的时候，它需要检测网络是否有其他节点正在发送数据，即侦听信道是否空闲。

（2）如果信道忙，则等待。

（3）如果信道空闲，节点就发送数据。

（4）在发送数据的同时，节点继续侦听总线，确定是否有其他节点同时发送数据。因为有可能两个或多个节点同时检测到网络空闲，从而造成几乎在同一时刻开始发送数据。如果两个或多个节点同时发送数据，就会产生冲突。

（5）当一个传输节点识别出一个冲突时，就发送一个阻塞信号，这个信号使得冲突的时间足够长，让其他的节点都能发现。

（6）当其他节点收到阻塞信号后，都停止传输，等待一个随机产生的时间间隙（回退时间）后，重新进入侦听阶段。

CSMA/CD 采用的是一种"有空就发"的竞争型访问策略，因而不可避免会出现信道空闲时多个节点同时争发的现象，无法完全消除冲突，只能采取一些措施减少冲突，并对产生的冲突进行处理。因此采用这种技术的局域网环境不适用于对实时性要求较高的网络应用。

4.2.4　IEEE 802.5

早期局域网存在一种环形拓扑结构，而环形网中采用令牌技术来进行访问控制。为此 IEEE 为其定义了 IEEE 802.5，阐述了令牌环技术。令牌环是令牌传送环（Token Passing Ring）的简写。令牌环只有一条环路，信息沿环单向流动，不存在路径选择问题。

在令牌环网中，为了保证环上数据传送的有效性，任何时刻只允许一个节点发送数据。为此，在环中引入了令牌传递机制。在环中有一个特殊格式的帧在物理环中沿固定方向逐节点传送，这个特殊帧称为令牌。令牌是用来控制各个节点介质访问权限的控制帧。当一个节点想发送数据时，必须获得空闲令牌，并在启动数据帧的传送前将令牌中的忙/闲状态位设置为"忙"，然后将数据附在令牌尾部形成数据帧并向下一节点发送，数据帧沿与令牌相同的方向传送，此时由于环中已没有空闲令牌，因此其他希望发送数据的节点必须等待。也就是说，任何时候，环中只能有一个节点发送数据，而其余节点只能允许接收数据。当数据帧沿途经过各节点的环接口时，各节点将该数据帧的目的地址与本节点地址进行比较，若不相符，则转发该数据帧；若相符，则一方面复制全部数据帧放入缓存以送入本节点的高层，另一方面修改环上数据帧的接收状态位，修改后的数据帧在环上继续流动直到循环一周后回到发送节点，由发送节点将数据帧移去。按这种方式工作，发送权一直在源节点控制之下，只有发送数据的源节点放弃发送权，或拥有令牌的时间到，其才会释放令牌，即将令牌中的状态位置"空"后，再放到环上去传送，这样其他节点才有机会得到空令牌以发送自己的数据。

归纳起来，节点在令牌环中主要有下面 3 种操作。

（1）截获令牌并且发送数据帧。如果没有节点需要发送数据，令牌就由各个节点沿固定的顺序逐个传递；如果某个节点需要发送数据，它要等待令牌的到来，当空闲令牌传到该节点时，该节点修改令牌中的状态位，使其变为"忙"状态，然后去掉令牌的尾部，加上数据，成为数据帧，发送到下一个节点。

（2）接收与转发数据。数据帧每经过一个节点，该节点就比较数据帧中的目的地址与本节点地址是否相符，如果不属于本节点，则转发出去；如果属于本节点，则复制到本节点的计算机中，同时在数据帧中设置已经复制的标志，然后向下一节点转发。

（3）取消数据帧并且重发令牌。由于环形网在物理上是一个闭环，一个数据帧可能在环中不停地流动。当数据帧通过闭环重新传到发送节点时，发送节点不再转发，而是检查发送是否成功。如果发现数据帧没有被复制（传输失败），则重发该数据帧；如果发现传输成功，则清除该数据帧，并且产生一个新的空闲令牌发送到环上。

4.3　架设局域网的硬件设备

要想把多台计算机连接成局域网，需要多种硬件设备，包括网卡、网线、集线器、交换机等。

4.3.1　网卡

网卡是计算机和网络线缆之间的物理接口，是计算机用于与网络相连的　微课视频
必要装置，也是计算机网络中最常见、最重要的物理设备之一。根据工作对象不同，局域网中的网卡（也称以太网网卡）可以分为普通计算机网卡、服务器专用网卡、笔记本电脑专用（PCMCIA）网卡和无线网卡，如图4.8所示。

（a）普通计算机网卡　　　（b）服务器专用网卡　　　（c）PCMCIA网卡　　　（d）无线网卡

图4.8　各种类型网卡

1. 网卡的功能

网卡具有物理层和数据链路层的大部分功能，可概括为：并行信号和串行信号之间的转换、数据包的装配与拆装、网络访问控制和数据缓冲等。

网卡上面装有处理器和存储器（包括 RAM 和 ROM）。网卡和局域网之间的通信是通过电缆或双绞线以串行方式进行的。而网卡和计算机之间的通信则是通过计算机主板上的 I/O 总线以并行方式进行的。因此，网卡的一个重要功能就是进行串行信号/并行信号转换。由于网络上的数据传输速率和计算机总线上的数据传输速率并不相同，因此在网卡中必须装有对数据进行缓存的存储芯片。

在安装网卡时必须将管理网卡的设备驱动程序安装在计算机的操作系统中，这个驱动程序将"告诉"网卡如何将局域网传输过来的数据存储下来。

网卡并不是独立的自治单元，因为网卡本身不带电源，必须使用配套计算机的电源，并受该计算机的控制，因此网卡可看成半自治的单元。当网卡收到一个有差错的帧时，它会将这个帧丢弃而不通知计算机；当网卡收到一个正确的帧时，它就使用中断来通知计算机并交付给协议栈中的网络层；当计算机要发送一个 IP 数据包时，它就由协议栈向下交给网卡，组装成帧后发送到局域网。

2.　网卡的分类

网卡的种类非常多。按照不同的标准，可以进行不同的分类。最常见的是按传输速率、接口类型和总线接口类型来分类。

（1）按传输速率分类。可分为 10Mbit/s、100Mbit/s、10/100Mbit/s 自适应以及 1Gbit/s 的网卡。

（2）按接口类型分类。网卡的接口种类繁多，早期的网卡主要分为 AUI 粗缆接口和 BNC 细缆接口两种，但随着同轴电缆淡出市场，这两种接口类型的网卡也基本被淘汰。目前网卡主要有 RJ-45 接口和光纤接口两种。

（3）按总线接口类型分类。ISA（Industry Standard Architecture，工业标准体系结构）总线网卡和 PCI（Peripheral Component Interconnect，外设部件互连标准）总线网卡已经基本消失，集成于主板的网卡是现在市场上的主流。另外，USB 网卡是一种外置的网卡，安装方便，主要用于无线网络。

3.　网卡的 MAC 地址

MAC 地址也称为物理地址，是内置在网卡中的一组代码，是一个共 48 位的二进制数（6 个字节），常用 12 个十六进制数表示。在 Windows 系统中，可通过在命令提示符窗口中执行"ipconfig /all"查看网卡的 MAC 地址。如图 4.9 所示，此计算机上的网卡的 MAC 地址为 00-06-1B-DE-48-BF。

图4.9　网卡的MAC地址

对于 MAC 地址，前 6 个十六进制数代表网络硬件制造商的编号，如图 4.9 中的"00-06-1B"，它由 IEEE 分配；而后 6 个十六进制数代表网络硬件制造商所制造的网络设备（如网卡）的序列号，如图 4.9 中的"DE-48-BF"。每个网络硬件制造商必须确保它所生产的每个网络设备都具有相同的前 6 个十六进制数以及不同的后 6 个十六进制数。从理论上讲，MAC 地址的数量可高达 2^{48}，这样就可保证世界上每个网络设备都具有唯一的 MAC 地址。

MAC 地址主要有以下两个方面的作用。

（1）网络通信基础。网络中的数据以数据包的形式进行传输，并且每个数据包又被分割成很多数据帧，用以在各网络设备之间进行数据转发。每个数据帧的帧头中包含源 MAC 地址、目的 MAC 地址和数据帧中的通信协议类型。在数据转发的过程中，数据帧会根据帧头中保存的目的 MAC 地址自动将数据帧转发到对应的网络设备中。由此可见，如果没有 MAC 地址，数据在网络设备中根本无法传输，局域网也就失去了存在的意义。

（2）保障网络安全。网络安全目前已成为网络管理中最热门的关键词之一。借助 MAC 地址的唯一性和不易修改的特性，可以将具有 MAC 地址绑定功能的交换机端口与网卡的 MAC 地址绑定。这样可以使某个交换机端口只允许拥有特定 MAC 地址的网卡访问，而拒绝其他 MAC 地址的网卡对该端口的访问。这样的安全措施对小区宽带、校园网和无线网络尤其合适。

4.3.2　局域网的传输介质

网络中各节点之间的数据传输必须依靠某种传输介质来实现。传输介质种类很多，适用于局域网的传输介质主要有 3 类：双绞线、同轴电缆和光纤。

微课视频

1. 双绞线

双绞线（Twisted Pair）由绞合在一起的一对导线组成，这样做减少了各导线之间的电磁干扰，并具有抗外界电磁干扰的能力。双绞线可以分为两类：屏蔽双绞线（Shielded Twisted Pair，STP）和非屏蔽双绞线（Unshielded Twisted Pair，UTP）。屏蔽双绞线外面环绕着一圈保护层，其可有效减少影响信号传输的电磁干扰，但相应会增加成本，如图 4.10 所示。

图4.10　屏蔽双绞线

而非屏蔽双绞线没有保护层，易受电磁干扰，但成本较低。非屏蔽双绞线广泛用于星形以太网。采用新的电缆规范，如 10BASE-T、100BASE-T、1000BASE-TX 等，可使非屏蔽型双绞线的传输速率达到 10Mbit/s、100Mbit/s 乃至 1000Mbit/s。双绞线的优势在于它使用电信工业中已经比较成熟的技术，因此，对系统的建立和维护都要容易得多。在不需要较强抗干扰能力的环境中，选择双绞线特别是非屏蔽双绞线，既利于安装，又节省成本，所以非屏蔽双绞线往往是办公环境下网络传输介质的首选。双绞线的最大缺点是抗干扰能力不强，特别是非屏蔽双绞线。非屏蔽双绞线两头一般都会用水晶头包裹好，这个水晶头其实就是一个 RJ-45 接口，可以插入网卡、交换机和集线器的 RJ-45 接口里，从而促成各种网络设备的互连，如图 4.11 所示。

（a）非屏蔽双绞线　　　　　　　　　　　　　　（b）RJ-45接口

图4.11　非屏蔽双绞线和RJ-45接口

非屏蔽双绞线中共有 4 对双绞线，每一对线由两根绝缘铜导线相互扭绕而成，绝缘层上分别涂有不同的颜色（相绕的两根中一根为单一的颜色，另一根为该颜色与白色相间隔的颜色），颜色分别为绿白、绿、橙、橙白、蓝、蓝白、棕、棕白。除 4 对双绞线外，还有一条抗拉线，其主要作用是提高双绞线的抗拉性。

2. 同轴电缆

同轴电缆由内、外两个导体组成，且这两个导体是同轴线的，所以称为同轴电缆，如图 4.12 所示。在同轴电缆中，内导体是一根导线，外导体是一个圆柱面，两者之间有填充物；外导体能够屏蔽外界电磁场对内导体信号的干扰。

图4.12　同轴电缆

同轴电缆的分类如下。

（1）按照传输信号特点，同轴电缆可分为基带同轴电缆和宽带同轴电缆。基带同轴电缆采用基带传输，即传输数字信号，用于构建局域网。宽带同轴电缆采用宽带传输，即传输模拟信号，用于构建有线电视网。

（2）按照同轴电缆直径，同轴电缆可分为粗同轴电缆（简称粗缆）和细同轴电缆（简称细缆）。粗缆直径约为 10mm，细缆直径约为 5mm。粗缆传输性能优于细缆。在传输速率为 10Mbit/s 时，粗缆传输距离可达 500～1000m，细缆传输距离为 200～300m。

3. 光纤

对计算机网络而言，光纤具有无可比拟的优势。光纤由纤芯、包层及护套组成，如图 4.13 所示。纤芯由玻璃或塑料组成；包层是玻璃的，外面有加强作用的一次性涂覆层，包层可以使光信号反射回去，沿着光纤传输；护套由塑料组成，用于防止外界的伤害和干扰。

（a）光纤　　　　　　　（b）光纤结构

图4.13　光纤及其结构

在光纤中光波由发光二极管或激光二极管产生，接收端使用光电二极管将光信号转换为数据信号。光纤传输损耗小、频带宽、信号畸变小，传输距离几乎不受限制，且具有极强的抗电磁干扰能力，因此，光纤现在已经被广泛地应用于各种网络的数据传输中。

按光在光纤中的传输模式，光纤可分为多模光纤和单模光纤。在纤芯内有多条不同角度的光线在传输，这种光纤称为多模光纤。当光纤的直径非常小，小到接近一个光的波长时，光线就不会产生多次反射，而是沿着直线向前传输，这种光纤称为单模光纤。多模光纤和单模光纤分别如图 4.14、图 4.15 所示。

图4.14　多模光纤

图4.15　单模光纤

单模光纤中只传输一种模式的光，而多模光纤则同时传输多种模式的光。因此，与多模光纤相比，单模光纤模间色散较小，更适用于远距离传输。

4.3.3　集线器

集线器的主要功能是对接收到的信号进行放大，以扩大网络的传输距离，所以它具有在物理上扩展网络的功能，属于物理层设备，如图 4.16 所示。

微课视频

图4.16　集线器

集线器可以把所有节点集中在以它为中心的节点上；它不具备任何智能功能，只是简单地把电信号放大；它发送数据没有针对性，采用广播方式发送，因此会将数据转发给所有端口，从而造成集线器连接的所有终端都在一个冲突域中。集线器一般只用于局域网，需要接电源，可以把数台计算机用双绞线连接起来组成一个简单的网络。如图 4.17 所示，利用集线器组建一个简单的星形共享式局域网。

当一台计算机需要发送数据时，首先把需要发送的数据通过网卡转换成适合在网线上传送的信号，并发至集线器，接电源的集线器将这些信号放大，而后不经过任何处理就直接广播到集线器的所有端口。接收计算机从它连接集线器的端口接收信号，并通过它的网卡转换成数字信号，至此这个通信过程就完成了。在这个过程中，集线器只是完成简单的传送信号的任务，毫无智能而言，可以认为集线器只是用一根网线将所有的端口连接起来。

图4.17　适用集线器组成的星形共享式局域网

图 4.17 所示的集线器共有 10 个端口，无论哪个端口上接入计算机都可以接收并读取某台计算机发送的数据，这样不能确保传输数据的安全性。由于集线器会将所有的数据包向所有的端口发送，因此如果集线器端口较多且连接计算机较多，那么集线器的广播量会增大，整个网络的性能会变差，数据可能频繁地由于冲突而被拒绝发送。

集线器通常具有如下功能和特性。

（1）可以是星形以太网的中央节点，工作在物理层。

（2）对接收到的信号进行放大，以扩大网络的传输距离。

（3）普遍采用 RJ-45 标准接口。

（4）以广播的方式传送数据。

（5）无过滤功能，无路径检测功能。

（6）不同传输速率的集线器不能级联。

（7）所连接的客户端都在一个冲突域中。

4.3.4　交换机

交换机在外形上和集线器很相似，如图 4.18 所示，并且也应用于局域网，但是交换机属于数据链路层设备，它也采用 CSMA/CD 机制来检测及避免冲突，但与集线器不同的是，交换机各个端口会独立地进行冲突检测，并发送和接收数据，互不干扰。所以交换机中的各个端口属于不同的冲突域。

图4.18　交换机

交换机具有智能功能和学习的能力。交换机接入网络后可以在短时间内学习并掌握此网络的结构以及与它相连的计算机的相关信息，并且可对接收到的数据进行过滤，然后将数据包送至与目的主机相连的接口。因此交换机比集线器传输速度更快，内部结构也更加复杂。

交换机通常具有如下功能和特性。

（1）可以是星形以太网的中央节点，工作在数据链路层。

（2）可以过滤接收到的信号，并把有效传输信息按照相关路径送至目的端口。

（3）一般采用 RJ-45 标准接口。

（4）参照每台计算机的接入位置，有目的地传送数据。

（5）有过滤功能和路径检测功能。

（6）不同类型的交换机和集线器可以相互级联。

（7）所连接的客户端都在独自的一个冲突域中。

1. 交换机的分类

由于交换机具有很多优点，所以它的应用和发展非常迅速，出现了各种类型的交换机，以满足各种不同应用环境需求。交换机通常可分为以下四类。

（1）以太网交换机。这种交换机用于宽带在 100Mbit/s 以下的局域网，具有应用广泛、价格低廉等特点，其通常采用的传输介质是双绞线、细同轴电缆和粗同轴电缆。该类交换机基本已经被淘汰。

（2）快速以太网交换机。这种交换机用于 100Mbit/s 的快速以太网，其通常所采用的传输介质是双绞线。该类交换机广泛应用于接入层网络中。

（3）千兆以太网交换机。这种交换机应用于 1Gbit/s 的千兆以太网，其所采用的传输介质有光纤和双绞线两种。该类交换机一般用于大型网络的骨干网中。

（4）ATM 交换机。ATM 交换机主要用于 ATM 网。ATM 网由于其独特的技术特性，现在还只是用于电信网、邮政网的主干网中，不在普通局域网中使用。ATM 交换机的传输介质一般采用光纤。

2. 交换机的 MAC 地址学习

为了转发报文，交换机需要维护 MAC 地址表，MAC 地址表的表项中包含与本交换机相连的终端的 MAC 地址、本交换机连接主机的端口等信息。

在交换机刚启动时，它的 MAC 地址表中没有表项，如图 4.19 所示。此时如果交换机的某个端口收到数据帧，它会把数据帧从所有端口转发出去。这样，交换机就能够确保网络中其他所有的终端主机都能够收到此数据帧。但是，这种广播式转发的效率低，会占用太多的网络带宽，并不是理想的转发模式。

图4.19　MAC地址表初始状态

　　为了能够仅转发目标主机所需的数据，交换机就需要知道终端主机的位置，也就是主机连接在交换机的哪个端口上。这就需要交换机进行 MAC 地址表的正确学习。

　　交换机通过记录端口接收数据帧中的源 MAC 地址和端口的对应关系来进行 MAC 地址表的学习。

　　如图 4.20 所示，PCA 发送数据帧，其源 MAC 地址是自己的地址 MAC_A，目的 MAC 地址是 PCD 的地址 MAC_D。交换机在端口 E2 收到数据帧后，查看其中的源 MAC 地址，并添加到 MAC 地址表中，形成一条 MAC 地址表项。因为 MAC 地址表中没有 MAC_D 的相关记录，所以交换机把此数据帧从所有其他端口发送出去。因此其他 3 台主机都会收到此数据帧，并将提取目的 MAC 地址，将其与自己网卡的 MAC 地址进行比较，只有与 PCD 的 MAC 地址相同，PCD 才接收此数据帧，同时 PCB 和 PCC 会丢弃此数据帧。

图4.20　PCA的MAC地址学习

　　交换机在学习 MAC 地址时，同时给每条表项设定一个老化时间，如果在老化时间到期之前一直没有刷新，则表项会被清空。交换机的 MAC 地址表的空间是有限的，设定表项老化时间有助于回收长久不用的 MAC 地址表空间。

　　同样，当网络中其他主机发出数据帧时，交换机记录其中的源 MAC 地址，与接收到的数据帧端口相关联起来，形成 MAC 地址表项，如图 4.21 所示。

图4.21　其他主机的MAC地址学习

　　当网络中所有主机的 MAC 地址在交换机中都有记录后，意味着 MAC 地址学习完成，也可以说交换机知道了所有主机的位置。

3. 交换机的数据帧的转发

MAC 地址表学习完成后，交换机根据 MAC 地址表的表项进行数据帧的转发，在进行转发时，遵循以下规则。

（1）对于已知单播数据帧（即目的 MAC 地址在交换机的 MAC 地址表中有相应表项），则从 MAC 地址表中的 MAC 地址相对应的端口转发出去。

如图 4.22 所示，PCB 发出数据帧，其目的 MAC 地址是 PCD 的地址 MAC_D。交换机在端口 E4 收到数据帧后，检索 MAC 地址表的表项，发现目的 MAC 地址 MAC_D 所对应端口是 E9，就把此数据帧从 E9 中转发，不在端口 E2 和 E6 转发，PCA 和 PCC 就不会收到目的 MAC 地址为 MAC_D 的数据帧。

图4.22 已知单播数据帧的转发

（2）对于未知单播数据帧（即目的 MAC 地址在交换机的 MAC 地址表中无相应表项）、组播数据帧和广播数据帧，则从除源端口外的其他端口转发出去。图 4.23 所示为 PCA 发送未知单播数据帧、组播数据帧或广播数据帧的情况。

图4.23 未知单播数据帧、组播数据帧和广播数据帧的转发

4.4 局域网主要技术

常见的局域网技术包括以太网、令牌环网等，它们在拓扑结构、传输介质、传输速率、

数据格式、控制机制等各方面都有很大不同。

随着以太网带宽的不断提高和可靠性的不断提升，令牌环网的优势不复存在，渐渐退出了局域网领域。以太网具有开发简单、易于实现、易于部署的特性，已得到广泛应用，并迅速成为局域网中占统治地位的技术。另外，无线局域网技术的发展也非常迅速，已经进入大规模安装和普及阶段。

4.4.1 以太网系列

1. 标准以太网

以太网是一种产生较早且使用相当广泛的局域网，由美国 Xerox 公司于 20 世纪 70 年代初期开始研究，1975 年推出了第一个以太网。由于它具有结构简单、工作可靠、易于扩展等优点，因此得到了广泛的应用。1980 年美国 Xerox、DEC 与 Intel 这 3 家公司联合提出了以太网规范，这是世界上第一个局域网的技术标准。后来的局域网国际标准 IEEE 802.3 就是参照以太网的技术标准建立的，两者基本兼容。为了与后来提出的快速以太网相区别，通常将按 IEEE 802.3 生产的以太网产品简称为标准以太网。

标准以太网在物理层可以使用粗同轴电缆、细同轴电缆、非屏蔽双绞线、屏蔽双绞线、光纤等多种传输介质，并且在 IEEE 802.3 中，为不同的传输介质制定了不同的物理层标准。其中常用的标准有 10BASE-5、10BASE-2 和 10BASE-T 等。

（1）10BASE-5 称为粗缆以太网，是一种总线型标准以太网。其中，"10"表示信号的传输速率为 10Mbit/s，"BASE"表示信道上传输的是基带信号，"5"表示每段电缆的最大长度为 500m。10BASE-5 采用曼彻斯特编码方式。粗缆以太网采用直径为 0.4 英寸（1 英寸≈2.54 厘米）、阻抗为 50Ω的粗同轴电缆作为传输介质，每隔一段可以设置一个收发器，网内的主机通过连接器相连，接入以太网。粗缆的抗干扰性较强，一根粗缆能够传输 500m 远的距离。但粗缆的连接和布设烦琐，不便于使用。

（2）10BASE-2 称为细缆以太网，是一种总线型标准以太网。其中，"10"表示信号的传输速率为 10Mbit/s，"BASE"表示信道上传输的是基带信号，"2"表示每段电缆的最大长度接近 200m。其编码仍采用曼彻斯特编码方式。细缆以太网采用直径为 0.2 英寸、阻抗为 50Ω的细同轴电缆作为传输介质。然而对连接器做了改进，它使用连接更加可靠、方便的 BNC（Bayonet Nut Connector，刺刀螺母连接器）"T"型连接器。BNC 直接连接在计算机的网卡上，不需要粗缆中的中间连接设备。

（3）10BASE-T 是标准以太网中最常用的一种标准，其中，"10"表示信号的传输速率为 10Mbit/s，"BASE"表示信道上传输的是基带信号，"T"是英文 Twisted Pair（双绞线）的缩写，说明是使用双绞线作为传输介质。其编码也采用曼彻斯特编码方式。但其在网络拓扑结构上采用了以 10Mbit/s 集线器或 10Mbit/s 交换机为中心的星形拓扑结构。10BASE-T 网络由网卡、集线器、交换机、双绞线等组成。例如，可以建立一个以集线器为星形拓扑中央节点的 10BASE-T 网络，所有的工作站都通过传输介质连接到集线器上，工作站与集线器之间的双绞线最大长度为 100m，网络扩展可以采用多个集线器来实现。

2. 快速以太网

标准以太网以 10Mbit/s 的速率传输数据，而随着以太网的广泛使用，10Mbit/s 的速率已经不能适应大规模网络的应用，因此能否提供更高速率的传输成为以太网技术研究的一个新课题，快速以太网应运而生。快速以太网技术是由 10BASE-T 标准以太网发展而来的，主要解决网络带宽在局域网应用中的瓶颈问题。其协议标准为 1995 年颁布的 IEEE 802.3u，其传输速率达到 100Mbit/s，并且与 10BASE-T 一样可支持共享式与交换式两种使用环境，在交换式以太网环境中可以实现全双工通信。IEEE 802.3u 在 MAC 子层仍采用 CSMA/CD 作为介质访问控制协议，并保留了 IEEE 802.3 的帧格式。但是，为了实现 100Mbit/s 的传输速率，在物理层做了一些重要的改进。例如，在编码上，采用了效率更高的编码方式。标准以太网采用曼彻斯特编码，其优点是具有自带时钟特性，能够将数据和时钟编码在一起，但其编码效率只能达到 1/2，即在具有 20Mbit/s 传送能力的传输介质中，只能传送 10Mbit/s 的信号。所以快速以太网没有采用曼彻斯特编码，而采用 4B/5B 编码。

100Mbit/s 快速以太网标准可分为 100BASE-TX、100BASE-FX 和 100BASE-T4。

（1）100BASE-TX 是一种使用 5 类数据级非屏蔽双绞线或屏蔽双绞线的快速以太网技术。它使用两对双绞线，一对用于发送数据，一对用于接收数据。它在传输中使用 4B/5B 编码方式，信号频率为 125MHz。它符合 EIA 586 的 5 类布线标准和 IBM 公司的 SPT 1 类布线标准。它使用与 10BASE-T 相同的 RJ-45 连接器。它的最大网段长度为 100m。它支持全双工的数据传输。

（2）100BASE-FX 是一种使用光纤的快速以太网技术，可使用单模光纤和多模光纤。其中，多模光纤连接的最大距离为 550m，单模光纤连接的最大距离为 3000m。100BASE-FX 在传输中使用 4B/5B 编码方式，信号频率为 125MHz。它使用 MIC/FDDI 连接器、ST 连接器或 SC 连接器。它的最大网段长度为 150m、412m、2000m 或更长至 10km，这与所使用的光纤类型和工作模式有关。它支持全双工的数据传输。它特别适用于有电气干扰的环境、较大距离连接或高保密环境等。

（3）100BASE-T4 是一种可使用 3、4、5 类非屏蔽双绞线或屏蔽双绞线的快速以太网技术。它使用 4 对双绞线，3 对用于传送数据，1 对用于检测冲突信号。它在传输中使用 8B/6T 编码方式，信号频率为 25MHz。它符合 EIA 586 结构化布线标准。它使用与 10BASE-T 相同的 RJ-45 连接器。它的最大网段长度为 100m。

3. 千兆以太网

传输速率为 1Gbit/s 的以太网称为千兆以太网，千兆以太网采用的标准是 IEEE 802.3z，其特点如下。

（1）允许在全双工和半双工两种方式下工作。

（2）使用 IEEE 802.3 规定的帧格式。

（3）在半双工下使用 CSMA/CD 协议。

（4）与 10BASE-T 和 100BASE-T 兼容。

千兆以太网在物理层共有两个标准。

（1）1000BASE-X 标准（对应于 IEEE 802.3z 标准）基于光纤通道的物理层。

（2）1000BASE-T 标准（对应于 IEEE 802.3ab 标准）使用 4 对 5 类非屏蔽双绞线，传送距离为 100m。

4. 万兆以太网

传输速率为 10Gbit/s 的以太网称为万兆以太网，万兆以太网采用的标准是 IEEE 802.3ae，其特点如下。

（1）与 10Mbit/s、100Mbit/s、1Gbit/s 以太网的帧格式完全相同。

（2）只使用光纤作为传输介质。

（3）只在全双工方式下工作。

4.4.2　令牌环网

令牌环网最早起源于 IBM 公司于 1985 年推出的环形基带网络。IEEE 802.5 定义了令牌环网的国际规范。

令牌环网在物理层提供 4Mbit/s 和 16Mbit/s 两种传输速率；支持屏蔽双绞线、非屏蔽双绞线和光纤作为传输介质，但较多的是采用屏蔽双绞线，使用屏蔽双绞线时计算机和集线器的最大距离可达 100m，使用非屏蔽双绞线时最大距离为 45m。

令牌环网的拓扑结构如图 4.24 所示，在这个网络中有一种专门的帧称为"令牌"，其在环路上通过持续的传输来确定一个节点何时可以发送数据包。有这个令牌的节点才有权利传送数据，如果一个节点（计算机）接到令牌但是没有数据传送，则把令牌传送到下一个节点。每个节点能够保留令牌的时间是有限的。如果节点确实有数据要传送，它获得令牌，修改令牌中的一个状态位，把令牌作为一个帧的开始部分，然后把数据（和目的地址）放在令牌后面传送到下一个节点，下一个节点看到令牌上被标记的那一位就明白现在有节点在用令牌，自己不能用。

图4.24　令牌环网的拓扑结构

使用令牌使得有数据传送的节点在没有令牌时除了等待什么也不能做，这就能避免冲突。令牌带着数据在环形网上传送，直到到达目的节点，目的节点发现目的地址和自己的地址相同，将把帧中的数据复制下来，并在数据帧上进行标记，说明此帧已经被读过了。这个令牌继续在网上传送，直到回到发送节点，发送节点检查相应的位，看数据是否被目的节点接收并复制。

与以太网不同，令牌环网中的等待时间是有限的，而且是早已确定好的，这对一些要求可靠性和需要保证响应时间的网络来说非常重要。

4.5　无线局域网

4.5.1　无线局域网概述

传统局域网技术都要求用户通过特定的电缆和接头接入网络，无法满足日益增长的灵活性、移动性接入要求。无线局域网（Wireless Local Area Network，WLAN）是计算机网络与无线通信技术相结合的产物，使计算机与计算机、计算机与网络之间可以在一个特定范围内进行快速的无线通信。无线局域网是相当便利的数据传输系统，它利用射频（Radio Frequency，RF）技术，使用电磁波代替物理线缆，在空气中发送和接收数据，无须线缆介质，具有传统局域网无法比拟的灵活性，能实现"信息随身化，便利走天下"的目标。

无线局域网技术的成熟和普及是一个不断磨合的过程。最早的无线局域网产品运行在900MHz的频段上，传输速率只有1～2Mbit/s。1971年美国夏威夷大学开发的基于封包式技术的ALOHAnet采用无线电台替代电缆，克服了地理环境造成的布线困难。1979年，瑞士IBMRuesehlikon实验室的盖勒（Gfeller）首先提出了无线局域网的概念，采用红外线作为传输介质，用以解决生产车间里的布线问题，避免大型设备的电磁干扰，但是这种技术由于传输速率小于1Mbit/s而没有投入使用。1980年，加利福尼亚惠普实验室（HP PaloAlto Labs）的费勒（Ferrert）进行真正意义上的无线局域网项目的研究。1992年，工作在公共频段2.4GHz上的无线局域网产品问世，之后出现了工作在公共频段5.8GHz上的无线局域网产品。现在大部分无线局域网产品都在这两个频段上运行，通信标准主要采用IEEE 802.11。

无线局域网抗干扰性强、网络保密性好。有线局域网中的诸多安全问题，在无线局域网中基本上可以避免。而且相对于有线网络，无线局域网组建、配置和维护较为容易，一般计算机工作人员都可以胜任网络的管理工作。由于无线局域网具有多方面的优点，其发展十分迅速，在最近几年里，无线局域网已经在医院、商店、工厂和学校等不适合网络布线的场合得到了广泛的应用。图4.25所示是典型的无线局域网应用场景。

图4.25　无线局域网应用场景

4.5.2　无线局域网接入设备

如图4.26所示，在无线局域网中，工作站使用自带的无线局域网网卡，通过电磁波连接到无线局域网接入点（Access Point，AP）形成类似于星形的拓扑结构。无线局域网的主要接入设备有无线网卡和无线接入点。

图4.26　无线局域网

1. 无线网卡

无线网卡的作用类似于以太网中的网卡，作为无线局域网的接口，实现计算机与无线局域网的连接。无线网卡根据接口类型的不同，主要分为 3 种类型，即 PCMCIA 无线网卡、PCI 无线网卡和 USB 网卡。

PCMCIA 无线网卡仅适用于笔记本电脑，支持热插拔，以非常方便地实现移动式无线接入。PCI 无线网卡适用于台式机，安装起来要复杂些。USB 网卡适用于笔记本电脑和台式机，支持热插拔，而且安装简单，即插即用，有的 USB 网卡有外置天线。图 4.27 所示是一个 USB 网卡。

2. 无线接入点

在典型的无线局域网环境中，主要有发送和接收数据的设备，称为无线局域网收发器，又称为无线接入点/热点/网络桥接器。无线接入点是移动计算机用户进入有线以太骨干网的接入点。其主要作用有两个：一是将无线网络接入以太网；二是将各无线网络客户端连接到一起，相当于以太网的交换机或者是集线器。无线接入点如图 4.28 所示。

图4.27　USB网卡

图4.28　无线接入点

无线接入点类似于移动电话网络的基站。无线客户端通过无线接入点同时与有线网络和其他无线客户端通信。无线接入点是不可移动的，只用于充当扩展有线网络的外围桥梁。

无线接入点主要用于家庭、大楼内部以及园区内部，典型数据传输距离为几十米至上百米，使装有无线网卡的计算机可以通过无线接入点实现与有线网络的连接，从而使无线终端能够访问有线网络或因特网的资源。通常情况下，一个无线接入点最多可以支持多达 30 台计算机的接入，推荐数量在 25 台以下。

4.5.3　无线局域网的特点

相对于传统局域网，无线局域网能够给网络用户带来实用性和便捷性的优势，同时无线局域网也存在一些不足。

1. 优点

无线局域网的主要优点体现在以下几个方面。

（1）灵活性和移动性

在有线局域网中，网络设备的安放位置受网络位置的限制，而用户设备在无线信号覆盖区域内的任何一个位置都可以接入网络，即灵活性高。无线局域网另一个最大的优点在于其移动性强，连接到无线局域网的用户设备可以移动且能同时与网络保持连接。

（2）安装便捷

无线局域网可以免去或最大限度地减少网络布线的工作量，一般只要安装一个或多个接入点设备，就可建立覆盖整个区域的局域网络。

（3）易于进行网络规划和调整

对有线局域网来说，办公地点或网络拓扑结构的改变通常意味着重新建网。重新建网是一个琐碎的过程，无线局域网可以避免或减少以上情况的发生。

（4）故障定位容易

有线局域网一旦出现物理故障，尤其是由于线路连接不良而造成的网络中断，往往很难查明，而且检修线路需要付出很大的代价。无线局域网则很容易定位故障，只需更换故障设备即可恢复网络连接。

（5）易于扩展

无线局域网有多种配置方式，可以很快从只有几个用户的小型局域网扩展到有上千个用户的大型局域网，并且能够提供节点间"漫游"等有线局域网无法实现的特性。

2. 缺点

无线局域网的不足之处有以下几个方面。

（1）性能

无线局域网是依靠无线电波进行数据传输的，这些电波通过无线发射装置进行发射，而建筑物、车辆、树木和其他障碍物都可能阻碍电波的传输，所以会影响网络的性能。

（2）速率

无线信道的传输速率与有线信道相比要低得多，目前，无线局域网的最大传输速率为54～300Mbit/s，只适合个人终端和小规模网络应用。

（3）安全性

本质上无线电波不要求建立物理的连接通道，无线信号是发散的。从理论上讲，很容易监听到无线电波广播范围内的任何信号，造成通信信息泄露。

4.5.4　无线局域网的标准

IEEE 802.11 是无线局域网的通用标准，它是 IEEE 在 1997 年 6 月颁布的无线局域网通信标准。IEEE 802.11 定义了单一的 MAC 层和多样的物理层，其物理层标准主要有 IEEE 802.11b、

IEEE 802.11a 和 IEEE 802.11g。表 4.1 所示是部分 IEEE 802.11 系列标准及其说明。

表 4.1 部分 IEEE 802.11 系列标准及其说明

部分 IEEE 802.11 系列标准	说明
IEEE 802.11	初期在频段 2.4GHz 上使用的规格是采用直接序列扩频（Direct Sequence Spread Spectrum, DSSS）或跳频扩频（Frequency Hopping Spread Spectrum, FHSS）技术制定的，提供 1Mbit/s、2Mbit/s 和许多基础信号传输方式与服务的传输速率规格
IEEE 802.11a	工作于 5GHz 频段上的物理层规范
IEEE 802.11b	工作于 2.4GHz 频段上更高速率的物理层规范。在 2.4GHz 频段上采用 DSSS 技术，将无线局域网的传输速率提升至 11Mbit/s，可与以太网相媲美
IEEE 802.11d	当前 IEEE 802.11 中规定的操作权在几个国家中是合法的，而制定该标准的目的是推广 IEEE 802.11 无线局域网在其他国家的应用
IEEE 802.11e	该标准主要是为了改进和管理无线局域网的服务质量，保证能在 IEEE 802.11 无线局域网上进行音频、视频的传输等
IEEE 802.11f	该标准是为了在多个厂商的无线局域网内实现访问互操作，保证网络内接入点之间的信息互换
IEEE 802.11g	该标准是 IEEE 802.11b 的扩充，是更高速率的物理层规范
IEEE 802.11h	该标准主要是为了增强 5GHz 频段的 IEEE 802.11 MAC 规范及 IEEE 802.11a 高速物理层规范；增强信道能源测度和报告机制，以便改进频道和传输功率管理
IEEE 802.11i	增强无线局域网的安全和鉴别机制
IEEE 802.11j	日本所采用的等同于 IEEE 802.11b 的标准
IEEE 802.11k	无线广播资源管理，通过部署此功能，服务运营商和企业客户能有效地管理无线设备和无线接入点/网关之间的连接
IEEE 802.11n	该标准将使得 IEEE 802.11a/g 无线局域网的传输速率提升一倍

下面介绍几个主要的 IEEE 802.11 系列标准。

1. IEEE 802.11b

1999 年 9 月，IEEE 802.11b 被正式批准，IEEE 802.11b 工作于 2.4GHz 频段，根据实际情况采用 5.5Mbit/s、2Mbit/s 和 1Mbit/s 带宽，带宽最高可达 11Mbit/s，实际工作带宽在 5Mbit/s 左右，与普通的 10BASE-T 规格有线局域网几乎处于同一水平，比 IEEE 802.11 快 5 倍，扩大了无线局域网的应用领域。IEEE 802.11b 使用的是开放的 2.4GHz 频段，不需要申请就可以使用。IEEE 802.11b 既可作为对有线局域网的补充，也可独立组网，从而使网络用户摆脱网线的束缚，实现真正意义上的移动应用。

IEEE 802.11b 无线局域网与 IEEE 802.3 以太网的工作原理很类似，都是采用载波侦听的方式来控制网络中信息的传送。两者的不同之处是：以太网采用 CSMA/CD 技术，网络中的所有工作站都侦听网络中有无信息发送，当发现网络空闲时即发出自己的信息，如同抢答，只有一台工作站能抢到发言权，而其余工作站需要继续等待。如果有两台以上的工作站同时发出信息，则网络中会发生冲突，随后这些冲突信息都会丢失，各工作站继续抢夺发言权。而 IEEE 802.11b 无线局域网则引进了冲突避免（Collision Avoidance，CA）技术，从而避免了网络中冲突的发生，可以大幅度提高网络速率。

2. IEEE 802.11a

1999 年 9 月，IEEE 802.11a 制定完成，该标准规定无线局域网工作频段为 5.15～5.825GHz，数据传输速率达 54Mbit/s，传输距离可达 100m。该标准也是 IEEE 802.11 的一个补充，扩充了标准的物理层，采用正交频分复用（Orthogonal Frequency Division Multiplexing，OFDM）的独特扩频技术，及正交频移键控（Quadrature Shift Keying, QFSK）调制方式，可提供 25Mbit/s 的无线 ATM 接口和 10Mbit/s 的以太网无线帧结构接口，支持多种业务，如语音、数据和图像等。OFDM 技术最大的优势是具有其无与伦比的多途径回声反射，特别适用于室内及移动环境。

3. IEEE 802.11g

2003 年 7 月 IEEE 推出了 IEEE 802.11g 优势是，与 IEEE 802.11a 和 802.11b 相兼容，其载波工作的频率在 2.4GHz 频段（与 IEEE 802.11b 相同），数据传输速率为 54Mbit/s，传输距离可达 300m。IEEE 802.11g 是为了提高传输速率而制定的标准，它使用互补代码键控（Complementary Code Keying，CCK）技术和 OFDM 技术以支持高达 54Mbit/s 的数据传输速率。

IEEE 从 2001 年 11 月就开始草拟 IEEE 802.11g，它与 IEEE 802.11a 具有相同的 54Mbit/s 的数据传输速率，但是它还具有重要的优势，即对 IEEE 802.11b 设备向后兼容。这就意味着 IEEE 802.11b 客户端可以与 IEEE 802.11g 接入点配合使用，而 IEEE 802.11g 客户端也可以与 IEEE 802.11b 接入点配合使用。因为 IEEE 802.11g 和 IEEE 802.11b 都工作在不需要申请的 2.4GHz 频段，所以对那些已经采用了 IEEE 802.11b 无线基础设施的企业来说，移植到 IEEE 802.11g 是一种合理的选择。

4. IEEE 802.11n

IEEE 802.11n 是在 2004 年 1 月 IEEE 宣布建立的一个新的研究小组开发的新的 IEEE 802.11，于 2009 年 9 月正式批准。其传输速率理论值为 300Mbit/s，甚至高达 600Mbit/s。此项新标准应该比 IEEE 802.11b 快 50 倍左右，而比 IEEE 802.11g 快 10 倍左右。IEEE 802.11n 可以比 IEEE 802.11b 传送更远的距离。与其他的 IEEE 802.11 标准不同，IEEE 802.11n 为双频工作模式（包含 2.4GHz 和 5GHz 两个工作频段），这样 IEEE 802.11n 就保障了与以往的 IEEE 802.11b、IEEE 802.11a、IEEE 802.11g 兼容。

IEEE 802.11n 采用多输入输出（Multiple-Input Multiple-Output，MIMO）技术与 OFDM 技术相结合的方法，使传输速率成倍提高。随着天线技术及传输技术的发展，无线局域网的传输距离大大增加，可以达到几千米（并且能够保障 100Mbit/s 的传输速率）。IEEE 802.11n 全面改进了 IEEE 802.11，不仅涉及物理层标准，同时也采用了新的高性能无线传输技术提升 MAC 层的性能，优化数据帧结构，提高网络的吞吐量和性能。

5. IEEE 802.11i

IEEE 802.11i 是 2004 年 7 月发布的无线安全标准。由于无线传输的介质是空气，所以在数据传输过程中安全性很差。IEEE 802.11i 结合 IEEE 802.11x 中的用户端口身份验证和设备验证，对无线局域网 MAC 层进行修改与整合，定义了严格的加密格式和鉴权机制，以提高无线局域网的安全性。IEEE 802.11i 主要包括两项内容：Wi-Fi 保护访问（Wi-Fi Protected Access，WPA）技术和强健安全网络（Robust Security Network，RSN）。

IEEE 802.11i 是 IEEE 为新一代无线局域网制定的安全标准，这种安全标准提高了无线局域网的数据加密和认证性能，增强了无线局域网数据的安全性。

4.6 虚拟局域网

4.6.1 虚拟局域网概述

随着以太网技术的普及，以太网的规模越来越大，从小型的办公环境到大型的园区网络，网络管理变得越来越复杂。首先，在采用共享介质的以太网中，所有节点位于同一冲突域中，同时也位于同一广播域中，即一个节点向网络中某些节点的广播会被网络中所有的节点接收，造成很大的带宽资源和主机处理能力的浪费。为了解决传统以太网的冲突域问题，采用交换机对网段进行逻辑划分。但是，交换机虽然能解决冲突域问题，却不能解决广播域问题。例如，一个 ARP 广播就会被交换机转发到与其相连的所有网段中，当网络上有大量的广播时，不仅会浪费带宽，还会因过量的广播产生"广播风暴"，当交换网络规模增加时，网络广播风暴问题还会更加严重，并可能因此导致网络瘫痪。另外，在传统以太网中，同一个物理网段中的节点也就是一个逻辑工作组可以直接相互通信，不同物理网段中的节点是不能的。这样，当节点由于某种原因在网络中移动但同时还要继续在原来的逻辑工作组时，就必然会需要进行新的网络连接乃至重新布线。

为了解决上述问题，虚拟局域网（Virtual Local Area Network，VLAN）应运而生。VLAN是以局域网交换机为基础，通过交换机软件实现根据功能、部门、应用等因素将设备或用户组成虚拟工作组或逻辑网段的技术，其最大的特点是在组成虚拟工作组或逻辑网段时无须考虑用户或设备在网络中的物理位置。VLAN 可以在一个交换机或者跨交换机中实现。

如图 4.29 所示，这是一个关于 VLAN 划分的示例。应用 VLAN 技术可将位于不同物理位置、连在不同交换机端口的节点纳入同一 VLAN 中。经过这样的划分，位于不同物理网段中但属于相同 VLAN 中的节点之间能直接相互通信，如图 4.29 中的主机 1、主机 2 及主机 3，因为它们都在 VLAN1 中；而位于同一物理网段但属于不同 VLAN 中的节点却不可以直接相互通信，如图 4.29 中的主机 1、主机 4 和主机 7，因为它们分别在 VLAN1、VLAN2 和 VLAN3 中。

图4.29　VLAN划分的示例

4.6.2　虚拟局域网的优点

采用 VLAN 后，在不增加设备投资的前提下，可在许多方面提高网络的性能，并简化网络的管理，具体表现在以下 5 个方面。

1. 防范广播风暴

限制网络上的广播，将网络划分为多个 VLAN 可减少参与广播风暴的设备数量，即 VLAN 分段可以防止广播风暴波及整个网络。VLAN 可以提供建立防火墙的机制，防止交换网的过量广播。使用 VLAN 可以将某个交换端口或用户划分给某一个特定的 VLAN，该 VLAN 可以在一个交换网中跨越多个交换机，在一个 VLAN 中的广播不会送到 VLAN 之外。同样，相邻的端口不会收到其他 VLAN 产生的广播。这样可以减少广播流量，释放带宽给用户应用，减少广播的产生。

2. 增强局域网的安全性

含有敏感数据的用户组可与网络的其余部分隔离，从而降低泄露机密信息的可能性。不同 VLAN 内的报文在传输时是相互隔离的，即一个 VLAN 内的用户不能和其他 VLAN 内的用户直接通信，如果不同 VLAN 要进行通信，则需要通过路由器或三层交换机等三层设备。

3. 降低成本

使用 VLAN 后，成本高昂的网络升级需求减少，现有带宽和上行链路的利用率更高，因此可降低成本。VLAN 还可以降低移动或变更工作站地理位置的管理费用，特别是一些业务有经常性变动的公司使用 VLAN 后，管理费用会大大降低。

4. 简化项目管理或应用管理

VLAN 将用户和网络设备聚合到一起，以满足商业需求或地域上的需求。通过职能划分，项目管理或特殊应用管理都变得十分方便，例如，可以轻松管理教师的电子教学开发平台。此外，管理者也很容易确定升级网络服务的影响范围。

5. 增加网络连接的灵活性

借助 VLAN 技术，我们能将不同地点、不同网络的不同用户组合在一起，形成一个虚拟的网络环境，就像使用本地局域网一样方便、灵活、有效。

4.6.3　虚拟局域网的划分

1. 根据端口来划分 VLAN

许多 VLAN 厂商都利用交换机的端口来划分 VLAN 成员。被设定的端口都在同一个广播域中。例如，一个交换机的 1、2、3、4、5 端口被定义为虚拟网 VLAN10，同一交换机的 6、7、8 端口组成虚拟网 VLAN20。这使得属于相同 VLAN 的各端口之间能够相互通信，但这种划分模式将虚拟网限制在一台交换机上。

第二代端口 VLAN 技术允许跨越多个交换机的多个不同端口划分 VLAN，不同交换机上的若干个端口可以组成同一个虚拟网。

以交换机端口来划分网络成员，其配置过程简单明了。因此，从目前来看，这种根据端口来划分 VLAN 的方式仍然是常用的一种方式。

2. 根据 MAC 地址划分 VLAN

这种划分 VLAN 的方法是根据每个主机的 MAC 地址来划分，即对每个 MAC 地址的主机都进行配置，划分它们属于哪个组。这种方法的最大优点就是当用户物理位置移动时，即从一个交换机换到其他交换机时，VLAN 不用重新配置。所以，可以认为这种根据 MAC 地址的划分方法是基于用户的 VLAN。这种方法的缺点是初始化时，所有的用户都必须进行配置，如果有几百个甚至上千个用户，配置是非常费时的。而且这种方法也导致交换机执行效率的降低，因为在每一个交换机的端口都可能存在很多个 VLAN 组的成员，这样就无法限制广播包。

3. 根据网络层地址划分 VLAN

这种划分 VLAN 的方法是根据每个主机的网络层地址或协议类型（如果支持多协议）划分的，虽然这种方法是根据网络地址，如 IP 地址，但它不是路由，与网络层的路由毫无关系。

这种方法的优点是用户的物理位置改变了，但网络层地址没有变化，则不需要重新配置所属的 VLAN，而且可以根据协议来划分 VLAN，这对网络管理者来说很重要。此外，这种方法不需要附加的帧标签来识别 VLAN，可以减少网络的通信量。

这种方法的缺点是效率低，因为检查每一个数据包的网络层地址是需要花费较多时间的（相对于前面两种方法），一般的交换机芯片都可以自动检查网络上数据包的以太网帧头，但要让芯片能检查 IP 帧头，需要更好的技术，同时也更费时。

4. 根据网络层协议划分 VLAN

VLAN 按网络层协议来划分，可分为 IP、IPX 等。这种按网络层协议来划分的 VLAN，可使广播域跨越多个 VLAN 交换机。这对希望针对具体应用和服务来组织用户的网络管理员来说是非常具有吸引力的，而且用户可以在网络内部自由移动，但其 VLAN 成员身份仍然保持不变。

本章小结

通过本章的学习，我们认识到局域网具有传输范围小、速率高和误码率低等特点；了解了常见的局域网拓扑结构有总线型、星形和环形；掌握了局域网在传输数据时，为避免冲突，常采用 CSMA/CD 和令牌环技术；能够在组建局域网时，选用相应的网络设备和传输介质；了解了常用的局域网可以采用的技术以及无线局域网技术；为避免局域网的一些缺陷，掌握了广泛采用的虚拟局域网技术。

实训 1　非屏蔽双绞线制作

1. 实训目的

（1）认识非屏蔽双绞线（UTP）电缆、RJ-45 接口（水晶头）、压线钳、电缆测试仪。

（2）掌握制作 EIA/TIA 568A 和 EIA/TIA 568B 两种标准的 RJ-45 接口的方法。

（3）掌握电缆测试仪的使用方法。

（4）掌握 UTP 电缆作为传输介质的连接方法。

2. 相关知识

（1）RJ-45 接口

将 RJ-45 接口的口朝向自己，有针脚（铜片）的一面朝上，塑料弹片朝下，从左往右针脚的编号依次为 1、2、3、4、5、6、7、8，如图 4.30 所示。

图4.30　RJ-45接口

（2）UTP 标准

568A 的线序如表 4.2 所示。

表 4.2　568A 的线序

1	2	3	4	5	6	7	8
绿白	绿	橙白	蓝	蓝白	橙	棕白	棕

568B 的线序如表 4.3 所示。

表 4.3　568B 的线序

1	2	3	4	5	6	7	8
橙白	橙	绿白	蓝	蓝白	绿	棕白	棕

两种标准的区别在于：1、3 号线对换；2、6 号线对换。

（3）直通线和交叉线

直通线：特点是 UTP 电缆两端的 RJ-45 接口的制作标准一致，或者皆为 568A，或者皆为 568B，现在网络工程上一般采用两端都是 568B 标准；一般用于连接计算机与网络互联设备（如集线器、交换机、路由器等）。

交叉线：特点是 UTP 电缆一端采用 568A 标准制作 RJ-45 接口，另一端采用 568B 标准制作 RJ-45 接口；一般用于两台计算机（即两块网卡）之间的直接连接，不必经过集线器或交换机。

3. 实训环境

UTP 电缆、RJ-45 接口、压线钳、电缆测试仪。

4. 实训步骤

（1）认识压线钳：压线钳一侧有刀片处为剪线刀口，用于剪断 UTP 电缆和修剪不齐的双绞线；两侧有刀片处为剥线刀口，用于剥去 UTP 电缆外层绝缘套；一侧有 8 个牙齿，另一侧有槽处为 RJ-45 压槽，用于将 RJ-45 接口上的针脚扎入双绞线上，如图 4.31 所示。

图4.31　压线钳

（2）剥线：将 UTP 电缆一端插入压线钳的剥线刀口，轻微握紧压线钳慢慢转动，使刀口划开外层绝缘套并剥去，露出 UTP 电缆中的 4 对双绞线，如图 4.32、图 4.33 和图 4.34 所示。

图4.32　剥线

图4.33　去掉外层绝缘套

图4.34　UTP电缆中的4对双绞线

（3）排线：将4对双绞线扭开、拉直，按照一种标准排好线序，用压线钳的剪线刀口将8根双绞线剪齐（不绞合电缆长度最大为1.2cm），如图4.35、图4.36和图4.37所示。

（a）扭开、拉直　　　　　　　　　　　（b）排序

图4.35　扭开、拉直、排序

图4.36　剪齐

图4.37　剪齐后

（4）插入 RJ-45 接口：将排好线序的双绞线平插入 RJ-45 接口中，直到所有双绞线都接触到 RJ-45 接口的另一端，如图 4.38 所示。

（5）压线：确认所有双绞线顺序无误并且都已到位后，将 RJ-45 接口从无牙齿的一侧推入压线钳的 RJ-45 压槽中，然后用力压紧，使 RJ-45 接口的 8 根针脚嵌入双绞线中并与其内部的铜芯紧密接触，如图 4.39 和图 4.40 所示。

图4.38　插入RJ-45接口

图4.39　准备压线

图4.40　压线

（6）测试：将制作完毕的 UTP 电缆两端的 RJ-45 接口分别插入电缆测试仪的两个接口中，开启电缆测试仪。如果是直通线，所有对应号数的灯分别同时亮，则表明 RJ-45 接口制作成功。如果是交叉线，交叉的1、3号灯和2、6号灯分别对应同时亮，其他所有对应号数的灯也分别同时亮，则表明RJ-45接口制作成功。

5. 实训思考
（1）UTP的中文含义是_____。

（2）两种压线标准。

线序	（左）1	2	3	4	5	6	7	8（右）
568A	___	___	___	___	___	___	___	___
568B	___	___	___	___	___	___	___	___

（3）两类线的名称。

```
              A 端           B 端
交叉线      （568A）--------（      ）
直通线      （568A）--------（      ）
或是        （568B）--------（      ）
```

（4）两类线（交叉线、直通线）的用处。

集线器之间的级联：

Uplink-------普通口，用_____线；

普通口-------普通口，用_____线。

计算机之间的通信：用_____线。

计算机与集线器的连接：用_____线。

（5）计算机房里用得最多的是_____线。

实训2　交换机的基本配置

1. 实训目的
（1）查看交换机的基本信息，检查运行状态。

（2）设置交换机的基本信息，如交换机名称、端口工作速率。

2. 实训环境
用以太网交换机连接起来的Windows操作系统计算机或者Cisco Packet Tracer模拟软件。

3. 实训内容
在PC上使用超级终端（Hyper Terminal）建立终端仿真会话，通过控制台线缆配置交换机；交换机的基本配置。

下面通过对交换机进行基本配置来组建简单的局域网。

（1）添加一台交换机，并对交换机进行名称设置。

双击交换机，进入终端配置：

```
Switch>
Switch>enable              //进入系统视图
Switch#                    //系统视图
```

```
Switch#configure terminal              //进入系统配置视图
Switch (config) #
Switch (config) #hostname swithB       //对交换机命名
swithB (config) #
swithB (config) #exit                  //退出当前视图
swithB#
swithB#show running-config             //查看当前配置信息
```

（2）配置端口工作模式和端口工作速率。

```
swithB#configure terminal
swithB (config) #interface fastEthernet 0/1     //进入端口视图
swithB (config-if) #
swithB (config-if) #duplex {half|full|auto}     //配置端口工作模式
swithB (config-if) #speed {10|100|auto}         //配置端口工作速率
```

（3）添加两台计算机、一台交换机，分别给两台计算机设置 IP 地址和子网掩码，如图 4.41 和图 4.42 所示。

图4.41　拓扑连接

图4.42　主机 IP 地址和子网掩码配置

（4）测试计算机连通性。

使用 ping 命令对两台计算机测试连通性。

实训 3　组建无线局域网

1. 实训目的

（1）了解无线路由器的基础知识。

（2）掌握无线局域网的配置方法。

2. 相关知识

无线局域网具有可移动性，该技术已成熟，越来越多的企业、单位和学校推广应用这一技术。无线局域网最基本的硬件有无线网卡、无线路由器、无线接入点。

（1）无线网卡可分为台式机专用的 PCI 无线网卡、笔记本电脑专用的 PCMCIA 无线网卡、USB 网卡。

（2）无线路由器的局域网 IP 地址主要用于该设备的访问和管理，一般与 LAN 口所连接的设备在同一网段。

（3）无线路由器里的 SSID（Service Set Identifier，服务集标识符）也可以定为 ESSID（Extended Service Set Identifier，扩展服务集标识符），用来区分不同的网络，最多可以有 32 个字符。无线网卡设置不同的 SSID 就可以进入不同的网络。SSID 通常由无线接入点或无线路由器广播出来，通过操作系统自带的扫描功能可以查看当前区域内的 SSID。出于安全考虑，可以不广播 SSID，此时用户就要手动设置 SSID 才能进入相应的网络。简单地说，SSID 就是一个局域网的名称，只有 SSID 相同的计算机才能互相通信。

（4）无线加密认证方式可分为 WEP（64/128/256b）、WPA、WPA-PSK、WEP2、TKIP/AES、WPA2-PSK，具体信息可查相关资料。

（5）家用无线路由器一般功能较为简单，只要在 WAN 口连接 ADSL 调制解调器，通过双绞线将计算机连接到其中 LAN 口，进入 Web 页面，设置路由器的管理地址，开启 DHCP 服务器并配置 IP 地址分配范围，设置 SSID、加密认证方式和密码即可。客户端安装好无线网卡后，设置对应无线路由器的 SSID、加密认证方式及密码，无线路由器即可连接成功。

3. 实训环境

（1）模拟软件：Cisco Packet Tracer。

（2）设备要求：1 台 WRT300N 无线路由器、1 台笔记本电脑、2 台台式计算机、3 张无线网卡。

4. 实训内容

（1）应用场景

某家庭有 3 台计算机，要组建局域网以方便资源共享。考虑到使用网线布线不方便，也不美观，且台式计算机不便于移动，因此使用无线路由器解决组网问题。

（2）实训拓扑结构

实训拓扑结构如图 4.43 所示。

图4.43　实训拓扑结构

（3）配置要求

PC 配置如表 4.4 所示。

表 4.4　PC 配置

设备名称	无线网卡 IP 地址	无线网卡 SSID	无线网卡加密认证方式	无线网卡加密类型
PC1~PC3	自动获取	cisco	WPA-PSK	AES

无线路由器配置如表 4.5 所示。

表 4.5　无线路由器配置

设备名称	IP 地址	SSID	加密认证方式	加密类型	DHCP 分配地址范围
无线路由器	192.168.1.1/24	cisco	WPA-PSK	AES	192.168.1.100~192.168.1.149

5. 实训思路

（1）添加各种设备。

（2）设置无线路由器参数。

（3）为 PC 添加无线网卡，设置无线网卡参数。

（4）测试网络连通性。

6. 实训步骤

（1）在设备类型选择区选择终端设备，添加两台台式计算机和一台笔记本电脑。

（2）在设备类型选择区选择 Wireless Devices，在右边设备选择区选择 WRT300N 无线路由器，添加到工作区，如图 4.44 所示。

图4.44　选择无线路由器

添加设备后的工作区如图 4.45 所示。

PC-PT
PC1

PC-PT
PC2

Laptop-PT
PC3

WRT300N
无线路由器

图4.45　添加设备后的工作区

（3）单击无线路由器，在弹出的"Wireless Router0"窗口中选择"Config"选项卡，在左侧选择"LAN"选项，在右侧输入无线路由器的局域网管理地址，如图4.46所示。

图4.46　配置局域网管理地址

（4）在左侧选择"Wireless"选项，在右侧进行无线配置，如图4.47所示。

图4.47　无线配置

（5）选择"GUI"选项卡，选择"Setup"→"Network Setup"选项，进行网络配置，如图4.48所示。

图4.48　网络配置

（6）为 DHCP 服务器输入可分配的 IP 地址范围，如图 4.49 所示。最后保存设置。

图4.49　配置DHCP服务器

（7）单击"PC1"，在弹出的"PC1"窗口中选择"Physical"选项卡，单击 PC 的电源按钮关闭 PC 电源，如图 4.50 所示。

图4.50　关闭PC电源

（8）拖动 Physical Device View（物理设备视图）的垂直滚动条到底端，单击 PC 前面板上的网卡，把网卡拖动到模块列表中，如图 4.51 所示。

图4.51　添加网卡

（9）在左侧列表中单击 WMP300N 模块，并把它拖到 PC 的扩展插槽上，为 PC 添加无线网卡，添加完成后接通 PC 的电源，如图 4.52 所示。

图4.52　添加WMP300N模块

（10）选择 "Config" 选项卡，选择 "Wireless0" 选项，在右侧输入无线网卡的相关参数，此处各项参数与无线路由器的相同，如图 4.53 所示。

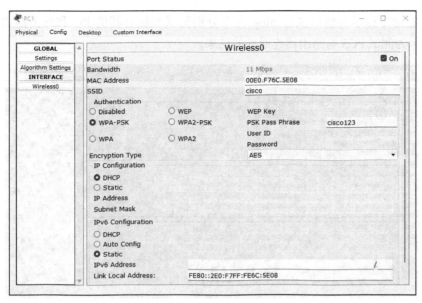

图4.53　配置无线网卡相关参数

（11）参照步骤（7）～（10）为 PC2 和 PC3 添加无线网卡，完成后拓扑结构如图 4.54 所示。

图4.54　为3台PC添加无线网卡后的拓扑结构

（12）进入任意一台 PC，查看 IP 地址获取情况，如果能获取 IP 地址，则表明 DHCP 服务器工作正常。图 4.55 所示为 PC1 的 IP 地址信息。

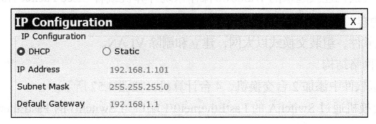

图4.55　PC1的IP地址信息

（13）在命令提示符窗口执行 ping 命令分别测试本机与其他 PC 和路由器的连通性。图 4.56 所示为测试 PC3 与路由器连通性的结果。

```
Command Prompt                                              X

Packet Tracer PC Command Line 1.0
PC>
Packet Tracer PC Command Line 1.0
PC>ping 192.168.1.1

Pinging 192.168.1.1 with 32 bytes of data:

Reply from 192.168.1.1: bytes=32 time=27ms TTL=255
Reply from 192.168.1.1: bytes=32 time=14ms TTL=255
Reply from 192.168.1.1: bytes=32 time=16ms TTL=255
Reply from 192.168.1.1: bytes=32 time=11ms TTL=255

Ping statistics for 192.168.1.1:
    Packets: Sent = 4, Received = 4, Lost = 0 (0% loss),
Approximate round trip times in milli-seconds:
    Minimum = 11ms, Maximum = 27ms, Average = 17ms

PC>
```

图4.56　测试PC3与路由器连通性的结果

7. 实训思考

（1）使用无线网卡连接网络时，SSID、加密认证方式及密码都应与网络的一致，否则不能连通网络。

（2）家庭使用无线局域网时，为保证安全性，建议在设置中关闭 SSID 广播和 DHCP 服务。

（3）认证密码应设置得较复杂，如混合使用大小写英文字母、数字、符号。

（4）在实际环境中添加台式机无线网卡需要安装驱动程序。

实训 4　配置 VLAN

1. 实训目的

（1）通过组装交换式以太网，了解 VLAN 的特性。

（2）初步掌握配置 VLAN 的方法。

（3）掌握 VLAN 及其连通性测试方法。

2. 实训环境

用以太网交换机连接起来的 Windows 操作系统计算机或者 Cisco Packet Tracer 模拟软件。

3. 实训内容

利用模拟软件，组装交换式以太网，建立和删除 VLAN。

（1）规划网络结构

① 在模拟软件中添加 2 台交换机，4 台计算机，如图 4.57 所示。

② 2 台交换机通过 SwitchA 的 FastEthernet0/1 端口与 SwitchB 的 FastEthernet0/1 端口级联在一起。

图4.57　拓扑结构

③ PC0 连在 SwitchA 的 FastEthernet0/7 端口上，IP 地址为 192.168.1.10，子网掩码设为 255.255.255.0。

④ PC1 连在 SwitchA 的 FastEthernet0/8 端口上，IP 地址为 192.168.1.11，子网掩码设为 255.255.255.0。

⑤ PC2 连在 SwitchB 的 FastEthernet0/7 端口上，IP 地址为 192.168.1.12，子网掩码设为 255.255.255.0。

⑥ PC3 连在 SwitchB 的 FastEthernet0/8 端口上，IP 地址为 192.168.1.13，子网掩码设为 255.255.255.0。组成简单的交换式以太网。

（2）配置 VLAN

① 对交换机 SwitchA 进行如下配置。

```
SwitchA#configure terminal                        //进入系统配置视图
SwitchA (config)#vlan 2                            //创建vlan 2
SwitchA (config-vlan)#exit
SwitchA (config)#
switchA (config)#interface fastethernet0/7         //进入端口配置模式
switchA (config-if)#switchport mode access         //配置端口为access 模式
switchA (config-if)#switchport access vlan 2        //把端口划分到vlan 2中
switchA (config-if)#exit
SwitchA (config)#vlan 3                            //创建vlan 3
SwitchA (config-vlan)#exit
switchA (config)#interface fastethernet0/8
switchA (config-if)#switchport mode access
switchA (config-if)#switchport access vlan 3
```

② 对交换机 SwitchB 进行与 SwitchA 一样的配置。

（3）测试网络连通性

主机 PC0 进行如下测试：

ping 192.168.1.10　　　（结果：＿＿＿＿＿＿。原因：＿＿＿＿＿＿）

ping 192.168.1.11　　　（结果：＿＿＿＿＿＿。原因：＿＿＿＿＿＿）

ping 192.168.1.12　　　（结果：＿＿＿＿＿＿。原因：＿＿＿＿＿＿）

ping 192.168.1.13　　　（结果：＿＿＿＿＿＿。原因：＿＿＿＿＿＿）

（4）设置 trunk（为了实现 2 台交换机的级联）

① 将 SwitchA 的 interface fastethernet0/1 设置为 trunk。

```
SwitchA (config) #inerface fastethernet0/1              //进入级联端口
SwitchA (config-if) #switchport mode trunk             //修改为 trunk 模式
SwitchA (config-if) #switchport trunk allowed vlan all //允许所有 VLAN 通过
```

② 将 SwitchB 的 interface fastethernet0/1 设置为 trunk。

配置和 SwitchA 的配置一样。

③ 测试网络连通性。

主机 PC0 进行如下测试：

ping 192.168.1.11　　　（结果：_____。原因：_____）

ping 192.168.1.12　　　（结果：_____。原因：_____）

ping 192.168.1.13　　　（结果：_____。原因：_____）

习　题

1. 填空题

（1）_____成为现行的以太网标准，并成为 TCP/IP 体系结构的一部分。

（2）常见的局域网的拓扑结构有_____、_____和_____等。

（3）集线器属于_____层设备，交换机属于_____层设备，路由器属于_____层设备。

（4）568B 线序的布线排列从左到右依次为：_____、_____、_____、_____、_____、_____、_____、_____。

（5）局域网中的数据链路层可细分为_____子层和_____子层。

（6）IEEE 802.3 主要描述_____技术，IEEE 802.4 主要描述_____技术，IEEE 802.5 主要描述_____技术，IEEE 802.11 主要描述_____技术。

（7）开发和发布 WLAN 标准的组织是_____。

（8）每个无线局域网用_____与其他无线局域网相区分。

（9）IEEE 802.11a 定义 WLAN 工作于_____频段，带宽为_____；IEEE 802.11b 定义 WLAN 工作于_____频段，带宽为_____；IEEE 802.11g 定义 WLAN 工作于_____频段，带宽为_____。

（10）WLAN 通过_____技术来实现数据传输。

（11）VLAN 可根据_____、_____和_____划分。

2. 选择题

（1）局域网是将小区域范围内的计算机及各种通信设备连接在一起的通信网络。下列关于局域网特性的描述中正确的是（　　　）。

　　A. 局域网具有大范围、高数据传输速率、高误码率的特性

　　B. 局域网具有大范围、低数据传输速率、低误码率的特性

　　C. 局域网具有小范围、高数据传输速率、高误码率的特性

　　D.　局域网具有小范围、高数据传输速率、低误码率的特性

（2）在 10BASE-T 的以太网中，使用双绞线作为传输介质，最大的网段长度是（　　）。

　　A.　2000m　　　　　B.　500m　　　　　C.　185m　　　　　D.　100m

（3）无线局域网的通信标准主要采用（　　）。

　　A.　IEEE 802.2　　B.　IEEE 802.3　　C.　IEEE 802.5　　D.　IEEE 802.11

（4）无线局域网连接到有线局域网使用设备是（　　）。

　　A.　天线　　　　　B.　无线接入器　　C.　无线网卡　　　D.　双绞线

（5）无线局域网使用的传输介质是（　　）。

　　A.　双绞线　　　　B.　空气　　　　　C.　电磁波　　　　D.　光波

3. 简答题

（1）简述 CSMA/CD 技术的工作原理。

（2）简述交换机的工作原理。

（3）简述无线局域网的发展与特点。

（4）虚拟局域网相对于局域网有哪些优势？

4. 综合题

请仔细观察和询问学校机房或者你所在的宿舍楼的计算机网络拓扑结构，并绘制出来。

第5章

网络互联技术

知识目标

- 了解 IP 地址的分类及功能
- 认识子网并理解子网掩码
- 了解常见网络层协议和功能
- 认识基本路由器特点、参数和基本原理
- 掌握静态路由与动态路由
- 理解路由信息协议（RIP），掌握开放最短通路优先协议（OSPF）

技能目标

- 学会规划网络和划分子网
- 能够进行路由器基本配置
- 能够使用路由协议进行网络连接

素质目标

- 培养认识事物规律的科学思维品质
- 具备创新意识和探索精神
- 具备团队协作精神和实践能力

网络层是 OSI 参考模型中的第 3 层，能够实现两端系统之间数据的透明传送。

5.1 网络层概述

无论是在 OSI 参考模型中还是在 TCP/IP 体系结构中，网络层都是核心的一层。网络层的主要功能是根据路由信息完成数据包的转发。路由就是指数据包发送的路径信息。网络层检查网络拓扑，以决定传输数据包的最佳路由，找到数据包应该转发的下一个网络设备，然后利用网络层协议封装数据包，再利用下层提供的服务把数据包转发到下一个网络设备。

运行在网络层的主要协议如下。

（1）IP，负责网络层寻址、路由选择、分段及包重组。

（2）ARP，负责把网络层地址解析成物理地址，如 MAC 地址。

（3）RARP（Reverse ARP，反向地址解析协议），负责把硬件地址解析成网络层地址。

（4）ICMP，负责提供诊断功能，报告由于 IP 数据包投递失败而导致的错误。

（5）IGMP（Internet Group Management Protocol，互联网组管理协议），负责管理 IP 组播组。

5.2　IP 及 IP 地址

微课视频

IP 是计算机网络相互连接进行通信而设计的协议，负责将多个包交换网络连接起来，在源地址和目的地址之间传送 IP 数据包（Packet），而 IP 数据报（IP Datagram）则是对数据包的结构分析。

5.2.1　IP 及 IP 数据报

1. IP

IP 是一个网络层可路由协议，它包含寻址信息和控制信息，可使数据包在网络中路由。IP 是 TCP/IP 中的主要网络层协议，与 TCP 结合组成整个互联网协议的核心，所有的 TCP、UDP 和 ICMP 等数据包最终都要封装在 IP 报文中传输。IP 应用于局域网和广域网通信。

IP 有两个基本任务：提供无连接的和最有效的数据包传送；提供数据包的分片与重组用来支持不同最大传输单元大小的数据连接。对于互联网络中 IP 数据报的路由选择处理，IP 有一套完善的寻址方式。每一个 IP 地址都有其特定的组成但都同时遵循基本格式。IP 地址可以进行细分并可用于建立子网地址。TCP/IP 网络中的每台计算机都被分配了一个唯一的 32 位逻辑地址，这个地址分为两个主要部分：网络号和主机号。网络号用以确认网络，如果该网络是因特网的一部分，其网络号必须由国际互联网网络信息中心（Internet Network Information Center，InterNIC）统一分配。一个 ISP 可以从 InterNIC 那里获得一段网络地址，并按照需求自己分配地址空间。主机号用于确认网络中的主机，它由本地网络管理员分配。

当发送或接收数据（例如，一封电子信函或网页）时，消息分成若干个块，也称为"包"。每个包既包含发送者的网络地址，又包含接收者的网络地址。由于消息被划分为大量的包，若需要，每个包都可以通过不同的网络路径发送。包到达时的顺序不一定和发送顺序相同，IP 只用于发送包，而 TCP 负责将包按正确顺序排列。

2. IP 数据报的格式

一个 IP 数据报由一个首部和上一层数据组成。首部由一个 20 字节固定长度部分和一个可选任意长度部分组成。IPv4 的 IP 数据报格式如图 5.1 所示。

IP 数据报首部的固定部分中各字段含义如下。

（1）版本，占 4 位，指 IP 的版本。目前采用的 IP 版本号一般取值为 0100（IPv4）和 0110（IPv6），图 5.1 是 IPv4 的 IP 数据报格式，IPv6 则与之不同。

版本（4）	首部长度（4）	优先级和服务类型（8）	总长度（16）	
标识（16）			标志（3）	片偏移（13）
生存时间（TTL）（8）		协议（8）	首部校验和（16）	
源IP地址（32）				
目的IP地址（32）				
选项（0或32）				
数据（可变）				

图5.1　IPv4的IP数据报格式

（2）首部长度，占4位，可表示的最大数据值是15个单位（1个单位4字节），因此IP的首部长度的最大值是60字节。当IP分组的首部长度不是4字节的整数倍时，必须利用最后的一个填充字段加以填充。因此数据部分永远在4字节的整数倍时开始。典型的IP数据报不使用首部中的选项，其首部长度是20字节。

（3）优先级和服务类型，占8位，用来获得更好的服务、优先级、可靠性、时延等。在相当长的一段时期内并没有什么人使用服务类型，直到多媒体信息在网上传送时，服务类型字段才重新引起大家的重视。

（4）总长度，指首部与数据之和的长度，单位为字节，总长度为16位，因此IP数据报的最大长度为65535字节（64KB）。当IP数据报长度超过网络所容许的最大传输单元（MTU）时，就必须将过长的数据报进行分片后才能在网络上传送。

（5）标识，占16位，它是一个计数器，用来产生数据报的标识。

（6）标志，占3位，目前只有后两位有意义，表示数据报是否有分片或能否分片。

（7）片偏移，占13位，指出某片在原分组中的相对位置。

（8）生存时间，记为TTL，即IP数据报在网络中的寿命，其单位为s，占8位。

（9）协议，占8位。协议字段指出此IP数据报携带的数据使用何种协议，以便使目的主机的网络层知道应将数据部分交给哪个处理过程。

（10）首部校验和，只检验IP数据报的首部，不包括数据部分，占16位。

（11）源IP地址，占32位。

（12）目的IP地址，占32位。

（13）选项，选项字段用来支持排错、测量及安全等措施，长度可变，很少使用。

（14）数据，从传输层传递过来的PDU，即网络层需要传输的数据包。

5.2.2　IP地址概述

在互联网中使用TCP/IP的每台设备，它们都有一个物理地址即MAC地址，这个地址是固化在网卡中的并且是全球唯一的，可以用来区分每一台设备；但同时每一台设备也有一个或者多个逻辑地址，就是IP地址，这个地址是可以变动的，并且这个地址不一定是全球唯一的，但是它在当今互联网的通信中占了举足轻重的地位。

在同一个局域网中，若有数据要发送，可以直接查找对方的MAC地址，并使用MAC地址进行数据传送；但是如果不在同一个局域网中，想要在全球的互联网当中使用MAC地址找出要传送的目的主机将非常困难，即使能够找到也将会花费大量的时间与带宽。所以这时就要使用 IP 地址，IP 地址的特点是具有层次结构，利用这个特点，可以实现在特定的范围内寻找特定目的主机，例如只查找特定省份的特定市的主机地址，甚至是特定市特定单位的主机地址，这样就能大大提高寻址效率。

5.2.3　IP 地址的结构及表示方法

1．IP 地址的结构

目前使用的 IP 地址有两个版本，一个是 IPv4，另一个是 IPv6。下面介绍 IPv4。

IPv4 地址由 32 位二进制数组成，每个 IP 地址又分为两个部分，分别是网络号与主机号，如图 5.2 所示。

网络号	主机号

图5.2　IPv4地址结构

网络号（网络 ID，也称网络地址）用来区分 TCP/IP 网络中的特定网络，在这个网络中的所有主机拥有相同的网络号。

主机号（主机 ID，也称主机地址）用来区分特定网络中特定的主机，在同一个网络中的每个主机都拥有唯一的主机号。

2．IP 地址的表示方法

计算机内的所有信息都是采用二进制数表示的，IP 地址也不例外。IP 地址的 32 位二进制数难以记忆，所以人们通常把它分成 4 段，每段 8 个二进制数，每段分别用十进制数表示，这样记起来就容易多了，如图 5.3 所示。

w.　x.　y.　z

图5.3　IP地址的表示方法

例如，二进制数 IP 地址：

10101100 00010000 00010001 00010010
十进制数表示为：172.16.17.18。

请读者试着自己转换下列地址：	
10000000 00000111 10000001 00011110	十进制数?
11001010 11010101 11100000 00011001	十进制数?
10.65.126.6　　二进制数?	
32.68.63.8　　二进制数?	

5.2.4　IP 地址的分类

IP 地址采用 32 位二进制数表示，为了更好地管理和使用 IP 地址资源，InterNIC 将 IP 地址资源划分为 5 类，分别为 A 类、B 类、C 类、D 类和 E 类，每一类地址定义了网络数量，也就是定义了网络号占用的位数和主机号占用的位数，从而确定了每个网络中能容纳的主机数量。下面详细介绍各类地址。

1. A 类

A 类 IP 地址的最高位固定为 "0"，接下来的 7 位表示可变网络号，其余的 24 位作为主机号，如图 5.4 所示，所以 A 类的第一字节可变网络号范围为 00000001～01111110，用十进制数表示就是 1～126（0 和 127 留作别用）；A 类共有 $2^7-2=126$ 个网络，每个网络有 $2^{24}-2=16\,777\,214$ 台主机；A 类适合分配给大型网络。

图5.4　A类地址

2. B 类

B 类 IP 地址的前两位固定为 "10"，接下来的 14 位表示可变网络号，其余的 16 位作为主机号，如图 5.5 所示，所以 B 类的第一字节可变网络号范围为 10000000～10111111，用十进制数表示就是 128～191；B 类共有 $2^{14}=16\,384$ 个网络，每个网络有 $2^{16}-2=65\,534$ 台主机；B 类适合分配给中型网络。

图5.5　B类地址

3. C 类

C 类 IP 地址的前 3 位固定为 "110"，接下来的 21 位表示可变网络号，其余的 8 位作为主机号，如图 5.6 所示，所以 C 类的第一字节可变网络号范围为 11000000～11011111，用十进制数表示就是 192～223；C 类共有 $2^{21}=2\,097\,152$ 个网络，每个网络有 $2^8-2=254$ 台主机；C 类比较适合分配给小型网络。

图5.6　C类地址

4. D 类

D 类 IP 地址的前 4 位固定为 "1110"，凡以此数开头的地址就被视为 D 类地址，这类地址只用来进行组播。利用组播地址可以把数据报发送到特定的多台主机。当然，发送组播需要特殊的路由配置，在默认情况下，它不会转发。D 类地址如图 5.7 所示。

图5.7 D类地址

5. E类

E 类 IP 地址的前 4 位固定为"1111"，凡以此数开头的地址就被视为 E 类地址。E 类地址不分配给用户使用，只用来进行实验和科学研究。E 类地址如图 5.8 所示。

图5.8 E类地址

表 5.1 列出了 IPv4 地址范围，这里重点关注 A 类、B 类和 C 类地址。

表 5.1 IP 地址范围

类别	地址范围	主机数量	适用网络规模
A	1～126	16 777 214	大型网络
B	128～191	65 534	中型网络
C	192～223	254	小型网络

5.2.5 特殊的 IP 地址

在互联网中出于特殊需要，产生了一些特殊的 IP 地址，如网络地址、广播地址、回环测试地址等。

微课视频

（1）网络地址：一个有效的、不变的网络号和一个二进制位全"0"的主机号。

在国际互联网中常常会使用网络地址，网络地址标识在同一个物理网络上的所有主机上。IP 地址方案规划中规定，一个 IP 地址中所有的主机号为 0，那么这个地址就称为本网络中的网络地址。

例如，IP 地址是：

110.8.8.8

那么它的网络地址是：

110.0.0.0（这个地址代表着所有第一字节以 110 开头的主机）

另外还有一种特殊的网络地址，就是所有二进制位都为 0（0.0.0.0），这样的地址也是网络地址，它所代表的是全网，在路由器中代表默认路由，本章后面会做介绍。

（2）直接广播地址：一个有效的、不变的网络号和一个二进制位全"1"的主机号。

所谓广播地址就是向有效范围内的所有用户发送信息的地址，可以把它认定为最大的组播范围。为了使一定范围内的设备都能收到一个相同的广播，就必须采用一个特别的 IP 地址，这个地址被定义为广播地址，通常是把主机号为二进制位全"1"的地址叫作广播地址。

例如，IP 地址是：

110.8.8.8

那么它的广播地址是：

110.255.255.255

如果发送的数据包的目的地址是 110.255.255.255，代表着向以 110 开头的网络中所有主机发送广播。

（3）有限广播地址：255.255.255.255。

将广播限制在最小的范围内，如果是标准的 IP 编址，广播将被限制在本网络之中；如果是子网编址，广播将被限制在本子网之中。发送有限广播前不需要知道网络号。

（4）回环测试地址。

前面讨论的 IP 地址分类中少了以 127 开头的地址，这类地址就是为了回环测试使用的地址，例如：

127.0.0.1

使用这样的地址发送出去的数据不会发送到交换机，更不会发送到互联网，只会在本机内部传送，适合网络编程开发人员使用，当然用来测试网络程序也十分方便。

（5）私有地址。

私有地址（Private Address）属于非注册地址，专门为组织机构内部使用，例如学校的机房、企业内部网络等。这些地址不能存在于互联网上，但可以被各地组织机构在内部通信中重复使用，这样可以有效地节约公网地址。私有地址有如下几类。

① A 类：10.0.0.0～10.255.255.255（1 个 A 类地址）。

② B 类：172.16.0.0～172.31.255.255（16 个 B 类地址）。

③ C 类：192.168.0.0～192.168.255.255（256 个 C 类地址）。

当网络中的 DHCP 服务器（自动给主机分配 IP 地址的服务器，后面将详细介绍）有故障或者地址分配完时，或者 DHCP 客户机联系不上 DHCP 服务器时，DHCP 客户机会自动从 169.254.0.1～169.254.255.254 地址中选择一个地址配置给网卡，这类地址即称为 "Microsoft 自动私有地址"。

5.2.6　子网的划分

为什么还要对网络进行子网划分呢？这是因为在当今巨大的互联网中，出于网络安全、地址充分使用等原因，需要对原来的 IP 地址按照一定的规则进行划分，这就是子网划分技术。

如图 5.9 所示，将原来主机号进一步划分为子网络号和主机号，就是借用了一部分主机号作为子网络号使用。

图5.9　子网图例

在原有的 IP 地址模式中，只用网络号就可以区分一个单独的物理网络，在使用了子网划分技术后，网络号就变成了原来的网络号再加上子网络号，这样才是一个真正的网络号，很明显，使用了这样的技术后，原来的网络数量会增加，但主机数量减少了，正好可以在一定程度上避免 IP 地址的浪费，另外也可以减少广播风暴并增强网络的安全性，便于网络的管理。

　　例如，某大学 4 号学生宿舍楼一楼有 30 个寝室，每个寝室有 6 位同学，管理员给这一层楼分配 IP 地址，如果按照正常 IP 地址划分，每个寝室是一个独立单元，应该最起码分配一个 C 类地址，一层楼就需要 30 个 C 类地址（如 192.168.1.0～192.168.30.0），特别浪费；如果采用子网划分，管理员只需要给这一层楼一个 C 类地址（192.168.1.0）就可以了。怎样才能让这一个 C 类地址分给 30 个寝室使用，而且每个寝室是独立单元呢？下面具体说明。

　　先把 C 类地址 192.168.1.0 的前 3 个字节（网络部分）用十进制数表示，最后一个字节（主机部分）用二进制数表示：

192.168.1	0	0	0	0	0	0	0	0

　　主机部分有 8 位二进制数，这 8 位中，借用前面几位表示子网，剩下几位表示主机呢？30 个寝室相当于 30 个子网，子网位要大于等于 30；6 位同学，正常最多有 6 台计算机，相当于每个子网里至少有 6 台主机。

　　正常情况下，应该先考虑主机位需要几位二进制数可以满足寝室条件，每个子网 6 台主机，$2^3-2=6$ 正好可以满足每个寝室 6 台主机的需求，所以取后 3 位表示主机（主机位不能为全 "0" 或全 "1"，所以减 2）；$2^5=32$，可用于 32 个寝室，正好满足 30 个寝室的需求，原 8 位主机位中余下的前 5 位表示子网。

192.168.1	0	0	0	0	0	0	0	0
网络部分	子网部分					主机部分		

接下来从小到大开始分配 IP 地址（阴影部分代表子网）。

第 1 个寝室可以分配：

即 192.168.1.1～192.168.1.6。

第 2 个寝室可以分配：

即 192.168.1.9～192.168.1.14。

第 3 个寝室可以分配：

即 192.168.1.17～192.168.1.22。

第 4 个寝室可以分配：

即 192.168.1.25～192.168.1.30。

……

第 30 个寝室可以分配：

即 192.168.1.233～192.168.1.238。

　　通过子网划分，可以把标准 IP 地址中的主机位（n 位）根据实际需求划分为子网和主机两个部分，子网位最少占 1 位，剩下的 $n-1$ 位留给主机；子网位最多占 $n-2$ 位，剩下的 2 位留给主机（主机不能只留 1 位，因为主机位不能是全"0"或全"1"，全"0"的主机位表示网络地址，全"1"的主机位表示直接广播地址）。

　　以上划分方法是人为思考、分析的结果。如何让计算机也能识别子网划分呢？这就需要用到子网掩码了。

　　子网掩码一般与 IP 地址成对出现才有具体意义，它的格式与 IP 地址的一样，也是由 32 位二进制数组成的，其中网络部分用二进制"1"表示（如果带有子网，子网也要用二进制"1"表示），主机部分用二进制"0"表示。人们为了使用方便也把它用点分十进制的方式表示。在 A、B、C 这 3 类 IP 地址中它们都有自己默认的子网掩码。

微课视频

　　A 类主类（即不带子网情况下）子网掩码：

| 1 | 1 | 1 | 1 | 1 | 1 | 1 | 1 | 0 | 0 | 0 | 0 | 0 | 0 | 0 | 0 | 0 | 0 | 0 | 0 | 0 | 0 | 0 | 0 | 0 | 0 | 0 | 0 | 0 | 0 | 0 | 0 |

　　即 255.0.0.0，也可表示为/8（代表网络位有 8 位）。

　　B 类主类（即不带子网情况下）子网掩码：

| 1 | 1 | 1 | 1 | 1 | 1 | 1 | 1 | 1 | 1 | 1 | 1 | 1 | 1 | 1 | 1 | 0 | 0 | 0 | 0 | 0 | 0 | 0 | 0 | 0 | 0 | 0 | 0 | 0 | 0 | 0 | 0 |

　　即 255.255.0.0，也可表示为/16（代表网络位有 16 位）。

　　C 类主类（即不带子网情况下）子网掩码：

| 1 | 1 | 1 | 1 | 1 | 1 | 1 | 1 | 1 | 1 | 1 | 1 | 1 | 1 | 1 | 1 | 1 | 1 | 1 | 1 | 1 | 1 | 1 | 1 | 0 | 0 | 0 | 0 | 0 | 0 | 0 | 0 |

　　即 255.255.255.0，也可表示为/24（代表网络位有 24 位）。

　　子网掩码的规则定义如下。

　　（1）对应 IP 地址网络号部分（可能包括子网）所有位都为"1"，并且所有的"1"必须连续，中间不得出现"0"。

　　（2）对应 IP 地址主机号部分所有位都为"0"，同样所有的"0"必须连续，中间也不得出现"1"，当然"0"后也不能有"1"。

　　利用以上的规则可以很方便地根据需求计算出某 IP 地址的网络部分、子网部分和主机部分各占几位。

　　例如，IP 地址为 199.15.19.65/26（/26 即子网掩码为 255.255.255.192）。

　　第一步，通过 IP 地址第一字节值判断该 IP 地址属于 A 类、B 类还是 C 类。第一字节值为 199，属于 C 类地址。

　　第二步，分析标准 C 类 IP 地址特性。C 类地址前 3 个字节（24 位）表示网络，最后一个字节（8 位）表示主机。

199	15	19	65
网络部分			主机部分

　　第三步，根据子网掩码定义，结合给出的子网掩码判断网络部分、子网部分和主机部分。在子网掩码定义中，网络和子网都是用"1"表示的，网络部分有 26 位，代表前 24 位

是网络部分，多出来 2 位肯定代表子网部分，还剩下 6 位表示主机部分。

199.15.19	0	1	0	0	0	0	0	1
网络部分	子网部分		主机部分					

一旦算出某特定 IP 地址的网络、子网和主机部分，就可以得知如下内容。

（1）该 IP 地址所在网络的网络地址为 199.15.19.64/26（有效的网络部分+有效的子网部分+全 "0" 的主机部分）。

199.15.19	0	1	0	0	0	0	0	0
网络部分	子网部分		全 "0" 的主机部分					

（2）该 IP 地址所在网络的直接广播地址为 199.15.19.127/26（有效的网络部分+有效的子网部分+全 "1" 的主机部分）。

199.15.19	0	1	1	1	1	1	1	1
网络部分	子网部分		全 "1" 的主机部分					

（3）该 IP 地址所在网络的 IP 地址范围为 199.15.19.65～199.15.19.126。

199.15.19.	0	1	0	0	0	0	0	1	到	192.168.1.	0	1	1	1	1	1	1	0

如果只需要求出某特定 IP 地址和子网掩码对应的网络地址，可以选择性使用布尔代数的 "与" 运算。在进行 "与" 运算时，只有在相 "与" 的两位都为 "真" 时结果才为 "真"，否则结果为 "假"。这个运算应用 IP 地址和子网掩码相对应的位，相 "与" 的两位都是 "1" 时结果才为 "1"，否则结果为 "0"。布尔运算规则如表 5.2 所示。

表 5.2　布尔运算规则

运算	结果
1 AND 1	1
1 AND 0	0
0 AND 1	0
0 AND 0	0

例如，网络中有一主机的 IP 地址是 172.16.18.26，子网掩码是 255.255.240.0，那么这个地址的网络号是多少呢？要想知道结果就利用布尔运算来计算一下。首先，把两个地址都换算成二进制数，如表 5.3 所示。

表 5.3　例表

172.16.18.26	10101100	00010000	00010010	00011010
AND				
255.255.240.0	11111111	11111111	11110000	00000000
结果	10101100	00010000	00010000	00000000

所得的结果换算成十进制数是 172.16.16.0，这就是它的网络号，也就是网络地址。

表 5.4 所示是 C 类网络子网划分关系。

表 5.4　C 类网络子网划分关系

子网位数	子网掩码	子网数	容纳的主机数
1	255. 255. 255. 128/25	2	126
2	255. 255. 255. 192/26	4	62
3	255. 255. 255. 224/27	8	30
4	255. 255. 255. 240/28	16	14
5	255. 255. 255. 248/29	32	6
6	255. 255. 255. 252/30	64	2

若选用 B 类 IP 地址，可以参考表 5.5。

表 5.5　B 类网络子网划分关系

子网位数	子网掩码	子网数	容纳的主机数
1	255. 255. 128. 0/17	2	32766
2	255. 255. 192. 0/18	4	16382
3	255. 255. 224. 0/19	8	8190
4	255. 255. 240. 0/20	16	4094
5	255. 255. 248. 0/21	32	2046
6	255. 255. 252. 0/22	64	1022
7	255. 255. 254. 0/23	128	510
8	255. 255. 255. 0/24	256	254
9	255. 255. 255. 128/25	512	126
10	255. 255. 255. 192/26	1024	62
11	255. 255. 255. 224/27	2048	30
12	255. 255. 255. 240/28	4096	14
13	255. 255. 255. 248/29	8192	6
14	255. 255. 255. 252/30	16384	2

在实际使用中除了要考虑主机的数量，还要考虑路由各通信接口等也要占用 IP 地址。

5.2.7　子网规划与划分实例

为了便于管理和安全的需要，通常都会用到子网，所以子网的规划和 IP 地址分配在网络规划中占据重要的位置，特别是在校园网和企业网中的应用就更加突出。在进行子网规划时要注意以下两个条件。

（1）在产生的子网中要能容纳足够的主机。

（2）能够产生足够的子网号。

下面以一个实例来说明。

　　某公司申请了一个地址 198.170.200.0，公司有生产部门和市场销售部门等 6 个部门需要划分为单独的网络，人数最多的市场销售部门拥有 28 台计算机（即主机），请给出该公司每个部门所划分的 IP 地址范围、网络地址和直接广播地址。

　　规范性计算方法如下（阴影部分为思考部分，非阴影部分需写出）。

　　第一步，通过 IP 地址第一字节值判断该 IP 地址属于 A 类、B 类还是 C 类。第一字节值为 198，属于 C 类地址。

　　第二步，分析标准 C 类 IP 地址特性。C 类地址前 3 个字节（24 位）表示网络，最后一个字节（8 位）表示主机。

　　第三步，根据子网掩码定义，结合实例给出的部门数和最大部门主机数，把标准 IP 地址中的主机位拆分成子网部分与主机部分，算出具体子网掩码。

　　先考虑主机部分，最大的部门有 28 台主机，$2^5=32$ 正好满足大于等于 28 台主机的需求，所以新的主机位是最后 5 位二进制位，余下的前 3 位主机位留给子网，$2^3=8$ 正好满足大于等于 6 个部门的需求。

198.170.200	0	0	0	0	0	0	0	0
网络部分	子网部分			主机部分				

　　对于子网掩码，网络位和子网位都用"1"表示，主机位用"0"表示，所以该公司子网划分采用的子网掩码是 255.255.255.224，用另一种表示方法：/27。

IP 地址	198.170.200	0	0	0	0	0	0	0	0
子网掩码	255.255.255	1	1	1	0	0	0	0	0
	网络部分	子网部分			主机部分				

　　第四步，写出各部门主机 IP 地址范围，根据网络地址和直接广播地址的定义写出各部门具体网络地址和直接广播地址。

　　（1）第一个部门。主机 IP 地址范围为 198.170.200.00000001～198.170.200.00011110，子网掩码为 255.255.255.224，即 198.170.200.1～198.170.200.30/27。

　　网络地址：198.170.200.0。

　　直接广播地址：198.170.200.31。

　　（2）第二个部门。主机 IP 地址范围为 198.170.200.00100001～198.170.200.00111110，子网掩码为 255.255.255.224，即 198.170.200.33～198.170.200.62/27。

　　网络地址：198.170.200.32。

　　直接广播地址：198.170.200.63。

　　（3）第三个部门。主机 IP 地址范围为 198.170.200.01000001～198.170.200.01011110，子网掩码为 255.255.255.224，即 198.170.200.65～198.170.200.94/27。

　　网络地址：198.170.200.64。

　　直接广播地址：198.170.200.95。

　　（4）第四个部门。主机 IP 地址范围为 198.170.200.01100001～198.170.200.01111110，子网掩码为 255.255.255.224，即 198.170.200.97～198.170.200.126/27。

网络地址：198.170.200.96。

直接广播地址：198.170.200.127。

（5）第五个部门。主机 IP 地址范围为 198.170.200.10000001～198.170.200.10011110，子网掩码为 255.255.255.224，即 198.170.200.129～198.170.200.158/27。

网络地址：198.170.200.128。

直接广播地址：198.170.200.159。

（6）第六个部门。主机 IP 地址范围为 198.170.200.10100001～198.170.200.10111110，子网掩码为 255.255.255.224，即 198.170.200.161～198.170.200.190/27

网络地址：198.170.200.160。

直接广播地址：198.170.200.191。

5.2.8 IPv6 地址概述

IPv6 是英文 "Internet Protocol Version 6"（第 6 版互联网协议）的缩写，是因特网工程任务组（IETF）设计的用于替代 IPv4 的下一代 IP。IPv4 是第一个被广泛使用并构成现今互联网技术的基础协议，连接到 Internet 的每个设备和域都分配有一个唯一的 IP 地址。IPv4 的成功推动了互联网数十年的高速发展以及网络技术的飞速进步，但是 IPv4 地址资源的枯竭以及其固有的局限性无法满足网络进一步发展的需求。比如现有的 IPv4 地址匮乏，IPv4 的地址长度为 32 位，可使用的 IP 地址数量约 43 亿个，全球公网 IPv4 地址已于 2011 年分配完毕。此外，还有安全性、服务保障问题等。为满足互联网应用与发展，IETF 设计了用于替代 IPv4 的下一代 IP——IPv6 标准。这一标准的地址长度将从 IPv4 的 32 位扩展到 128 位，总容量达到 2^{128} 个 IP 地址，几乎是 IPv4 地址空间的无限扩展，巨大的网络地址空间将从根本上解决网络地址枯竭的问题，而且版本的升级并不仅仅是地址位数的升级，还包括新的特性。

32 位 IPv4 地址由 4 个点分 8 位字段组成，而 IPv6 地址有 128 位，因其太大，故需要不同的表示方法。IPv6 地址使用 16 位十六进制项。例如，2031:0000:130F:0000:0000:09C0:876A:130B。该 IPv6 地址还可以进一步简化表示，如图 5.10 所示。

图5.10 IPv6地址的简化表示

与 IPv4 相比，IPv6 具有以下几个优势。

（1）IPv6 具有丰富的地址资源空间

IPv4 中规定 IP 地址长度为 32 位，即有 $2^{32}-1$ 个地址；而 IPv6 中 IP 地址的长度为 128 位，即有 $2^{128}-1$ 个地址，使每一个家电都能拥有一个 IP 地址，这让全球数字化家庭方案的实施成为可能。

（2）IPv6 使用更小的路由表

IPv6 的地址分配一开始就遵循聚类的原则，这使得路由器能在路由表中用一条记录表示一片子网，大大减小了路由器中路由表的长度，提高了路由器转发数据包的速度，提高了效率。

（3）IPv6 报头更加简单

IPv6 报头简单而且增加了增强的组播支持以及对流的支持。这使得网络上的多媒体应用有了长足发展的机会，为服务质量控制提供了良好的网络平台，如图 5.11 所示。

IPv4 报头			
版本（4）	首部长度（4）	优先级和服务类型（8）	总长度（16）
标识（16）		标志（3）	片偏移（13）
生存时间（TTL）（8）	协议（8）	首部校验和（16）	
源IP地址（32）			
目的IP地址（32）			
选项（0或32）			
数据（可变）			

IPv6 报头		
版本	流量类别	流标签
负载长度	下一报头	跳数限制
源IP地址		
目的IP地址		

图5.11　IPv4与IPv6报头

（4）IPv6 有全新的地址配置方式

为了简化主机地址配置，IPv6 除了支持手动地址配置和有状态自动地址配置（利用专用的地址分配服务动态分配地址，如 DHCP），还支持一种无状态地址配置技术。在无状态地址配置中，网络上的主机能自动给自己配置 IPv6 地址。在同一链路上，所有的主机不用人工干预就可以通信。

（5）IPv6 具有更高的安全性

IPv6 网络中的用户可以对网络层的数据进行加密并对 IP 报文进行校验，极大地增强了网络的安全性。

IPv4 到 IPv6 的过渡策略如图 5.12 所示，从 IPv4 过渡时，并不要求同时升级所有节点。

图5.12　IPv4到IPv6的过渡策略

需要特别说明以下内容。

① 双协议栈：一种集成方法，利用该方法，节点既能实施和连接 IPv4 网络，也能实施和连接 IPv6 网络。

② 隧道：手动 IPv6 over IPv4 隧道——IPv6 数据包被封装在 IPv4 中；动态 6to4 隧道——通过 IPv4 网络（通常是 Internet）自动建立各 IPv6 岛（局部 IPv6 网络被 IPv4 骨干网络隔离，

形成的孤岛称为 IPv6 岛）的连接。

　　③ NAT-PT（Network Address Translation-Protocol Translation，网络–协议地址转换）：用于 IPv6 与 IPv4 之间进行协议转换。

5.3　网络层其他重要协议

微课视频

　　网络层除 IP 以外，还有很多重要的协议，例如 ARP、RARP、ICMP 等。

5.3.1　地址解析协议

　　在整个互联网中，IP 地址屏蔽了各个物理网络地址的差异，通过数据“包”中的 IP 地址，找到对方主机，实现全球互联网的所有主机通信；但是数据到了局域网中，网络中实际传输的是“帧”，帧里面有目标主机的 MAC 地址，也就是物理地址。在以太网中，一个主机要和另一个主机进行直接通信，必须知道目标主机的 MAC 地址，从 IP 地址变成 MAC 地址这个工作就是通过地址解析协议（ARP）完成的。

　　下面以实例说明 ARP 的工作原理。

　　在每台安装有 TCP/IP 的计算机里都有一个 ARP 缓存表，表里的 IP 地址与 MAC 地址是一一对应的，如图 5.13 所示。

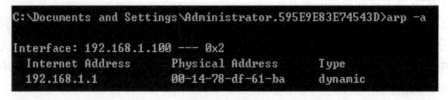

图5.13　ARP实例

　　例如，有主机 A（192.168.0.8）向主机 B（192.168.0.1）发送数据，当发送数据时，主机 A 会在自己的 ARP 缓存表中寻找是否有目标 IP 地址。如果找到了，也就知道了目标 MAC 地址，直接把目标 MAC 地址写入帧里面发送就可以了；如果在 ARP 缓存表中没有找到相对应的 IP 地址，主机 A 就会在网络上发送一个广播，向同一网段内的所有主机发出这样的询问：“192.168.0.1 的 MAC 地址是什么？”网络上其他主机并不响应 ARP 询问，只有主机 B 接收到这个帧时，才向主机 A 做出这样的回应：“192.168.0.1 的 MAC 地址是 00-aa-00-62-c6-09。”这样，主机 A 就知道了主机 B 的 MAC 地址，它就可以向主机 B 发送数据了。同时它还更新了自己的 ARP 缓存表，下次再向主机 B 发送数据时，直接从 ARP 缓存表里查找就可以了。ARP 缓存表采用生存周期机制，在一定的时间内如果表中的某一组没有使用，就会被删除，这样可以大大减少 ARP 缓存表的长度，加快查询速度。常用 ARP 命令参数如下。

　　（1）-a：显示当前 ARP 表项。如果指定网卡地址，则只显示指定计算机的 IP 地址和网卡地址。

　　（2）-s：添加相应的 ARP 表项，这种由人为指定添加的 ARP 表项，称为静态 ARP 表项，除此之外产生的称为动态 ARP 表项。

（3）-d：删除指定的 ARP 表项。

5.3.2　反向地址解析协议

从反向地址解析协议（RARP）的名字可以知道它的主要作用是把原有的 MAC 地址解析为 IP 地址，当然它也应用于局域网中。什么情况下会用到这种协议呢？

有种计算机叫作无盘工作站，它自己没有硬盘，当然也没有操作系统、IP 地址，只有 MAC 地址，计算机想要工作是需要操作系统的，所以它利用 RARP 向服务器申请一个 IP 地址，这个过程就是 RARP 的解析过程。无盘工作站是典型的 RARP 应用，在 1GB 的硬盘要千元的年代它的应用更是让人兴奋不已，大大节约了实际硬件成本。如今，无盘工作站依然广泛使用在金融和证券机构，以保持数据的安全与可靠。

5.3.3　互联网控制报文协议

互联网控制报文协议（ICMP）是 TCP/IP 的一个子协议，用于在 IP 主机、路由器之间传递控制信息，包括差错信息及其他需要注意的信息。调试控制信息是指网络通不通、主机是否可达、路由是否可用等网络本身的信息。这些控制信息虽然并不用于传输用户数据，但是对于用户数据的传递起着重要的作用。

5.4　路由器

微课视频

路由器是连接因特网中各局域网、广域网的设备，它会根据信道的情况自动选择和设定路由，以最佳路径，按前后顺序发送信号。

5.4.1　路由器简介

1. 路由器的基本概念

由于当前社会信息化的不断推进，人们对数据通信的需求日益增加。自 TCP/IP 体系结构于 20 世纪 70 年代中期推出以来，现已发展成为网络层通信协议的事实标准，基于 TCP/IP 的互联网也成了最大、最重要的网络。路由器作为 TCP/IP 网络的核心设备已经得到广泛的应用，其技术已成为当前信息产业的关键技术，其设备本身在数据通信中起到越来越重要的作用，如图 5.14 所示。同时由于路由器设备功能强大，且技术复杂，各厂家对路由器的实现有较多的选择性。

要了解路由器，首先要知道什么是路由选择。路由选择指网络中的节点根据通信网络的情况（可用的数据链路、各条链路中的信息流量等），按照一定的策略（传输时间、传输路径最短等），选择一条可用的传输路径，把信息发往目的地。路由器就是具有路由选择功能的设备。它工作于网络层，负责不同网络之间的数据包的存储和分组转发，是用于连接多个逻辑上分开的网络（所谓逻辑网络是一个单独的网络或者一个子网）的网络设备。

图5.14　路由器在网络中的位置

2. 路由器的功能与分类

路由器作为互联网上的重要设备，有着许多功能，主要包括以下几个方面。

（1）接口功能：将路由器连接到网络。可以分为局域网接口及广域网接口两种。局域网接口主要包括以太网、FDDI 等网络接口。广域网接口主要包括 E1/T1、E3/T3、DS3、通用串行口等网络接口。

（2）通信协议功能：处理通信协议，包括 TCP/IP、PPP、X.25、帧中继等协议。

（3）数据包转发功能：按照路由表内容在不同路由器各端口（包括逻辑端口）间转发数据包并且改写链路层数据包头信息。

（4）路由信息维护功能：运行路由协议并维护路由表。路由协议包括 RIP、OSPF、BGP 等。

（5）管理控制功能：路由器管理控制功能包括 5 个，即简单网络管理协议（Simple Network Management Protocol，SNMP）代理功能、Telnet 服务器功能、本地管理功能、远端监控功能和远程监视（Remote Monitoring，RMON）功能。通过 5 种不同的功能对路由器进行控制管理，并且允许记录日志。

（6）安全功能：完成数据包过滤、地址转换、访问控制、数据加密、防火墙以及地址分配等。

当前路由器分类方法有许多种，各种分类方法存在着一些联系，但是并不完全一致。具体地说，一般有以下 3 种分类方法。

（1）从结构上划分，路由器可分为模块化结构路由器与非模块化结构路由器。通常，中高端路由器为模块化结构路由器，可以根据需求添加各种功能模块；低端路由器为非模块化结构路由器。

（2）从网络位置划分，路由器可分为核心路由器与接入路由器。核心路由器位于网络中心，通常使用高端路由器，要求具有较强的包交换能力与高速的网络接口，通常采用模块化结构；接入路由器位于网络边缘，通常使用中低端路由器，要求具有相对低速的网络接口以及较强的接入控制能力，通常采用非模块化结构。

（3）从功能上划分，路由器可分为"骨干级路由器""企业级路由器""接入级路由器"。

"骨干级路由器"是实现企业级网络互联的关键设备，它的数据吞吐量较大，非常重要。"企业级路由器"连接许多终端系统，连接对象较多，但系统相对简单，且数据流量较小，对这类路由器的要求是以尽量简单的方法实现尽可能多的端点互连，同时还要求能够支持不同的服务质量。"接入级路由器"主要应用于连接家庭或 ISP 内的小型企业客户群体。

3. 路由器结构

目前市场上路由器的种类很多。尽管不同类型的路由器在处理能力和所支持的接口数上有所不同，但它们核心的部件是一样的。例如，都有 CPU、ROM、RAM、I/O 等硬件，只是在类型、大小和 I/O 接口的数目等方面，根据产品的不同有相应的变化。其硬件和计算机类似，实际上就是一种特殊用途的计算机。接口除提供固定的以太网口和广域网口以外，还有配置口（Console 口）、备份口（AUX 口）及其他接口。

路由器使用的软件是平台化的使用。华为公司的路由器使用的软件叫作通用路由平台（Versatile Routing Platform，VRP），其体系结构由实时操作系统内核、IP 引擎、路由处理和配置功能等组件构成。

Cisco 公司的路由器使用的软件叫作 Cisco 互联网络操作系统（Internet Operating System，IOS），它的功能包括传送网络服务和启用网络应用程序等。IOS 命令行界面可配置 Cisco 路由器的各项功能和参数。

Cisco 2811 路由器的外观如图 5.15 所示。

图5.15　Cisco 2811路由器的外观

5.4.2　路由的基本原理

在现实生活中的寄信，邮局负责接收所有本地信件，然后根据目的地将它们送往不同的目的城市，再由目的城市的邮局将它们送到收信人的邮箱。

而在互联网络中，路由器的功能就类似邮局，它负责接收本地网络的所有 IP 数据报，然后根据它们的目的 IP 地址，将它们转发到目的网络；当到达目的网络后，再由目的网络传输给目的主机，如图 5.16 所示。

图5.16　路由器原理

1. 路由表

前面讨论了什么是路由选择，而路由器利用路由选择进行 IP 数据报转发时，一般采用表驱动的路由选择算法。

交换机是根据地址映射表（见图 5.17）来决定将帧转发到哪个端口。

与交换机类似，路由器当中也有一张非常重要的表——路由表。路由表用来存放目的地址以及如何到达目的地址的信息。这里要特别注意一个问题，互联网包含成千上万台计算机，如果每张路由表都存放到达所有目的主机的信息，不但需要巨大的内存资源，而且需要很长的路由表查询时间，这显然是不可能的。所以路由表中存放的不是目的主机的 IP 地址，而是目的网络的网络地址。当 IP 数据报到达目的网络后，再由目的网络传输给目的主机。

地址映射表		
端口	MAC 地址	计时
1	00-30-80-7C-F1-21（节点 A）	…
2	52-54-4C-19-3D-03（节点 B）	…
3	00-50-BA-27-5D-A1（节点 C）	…
4	00-D0-09-F0-33-71（节点 D）	…
5	00-00-B4-BF-1B-77（节点 E）	…

图5.17　地址映射表

一个通用的 IP 路由表通常包含许多（N，M，R）三元组，N 表示目的网络地址（注意是网络地址，不是网络上普通主机的 IP 地址），M 表示子网掩码，R 表示到网络 N 路径上的"下一个"路由器的 IP 地址。

图 5.18 显示了用 3 台路由器互联 4 个子网的简单实例，表 5.6 给出了路由器 R2 的路由表，表 5.7 给出了路由器 R3 的路由表。

图5.18　3台路由器互联4个子网

表 5.6　路由器 R2 的路由表

目的网络地址（N）	子网掩码（M）	下一个路由器的 IP 地址（R）
20.2.0.0	255.255.0.0	直接投递
20.3.0.0	255.255.0.0	直接投递
20.1.0.0	255.255.0.0	20.2.0.8
20.4.0.0	255.255.0.0	20.3.0.4

表 5.7　路由器 R3 的路由表

目的网络地址（N）	子网掩码（M）	下一个路由器的 IP 地址（R）
20.3.0.0	255.255.0.0	直接投递
20.4.0.0	255.255.0.0	直接投递
20.2.0.0	255.255.0.0	20.3.0.9
20.1.0.0	255.255.0.0	20.3.0.9

在表 5.6 中，如果路由器 R2 收到一个目的地址为 20.1.0.28 的 IP 数据报，它在进行路由选择时，首先将 IP 地址与自己路由表的第一个表项的子网掩码进行"与"操作，由于得到的结果 20.1.0.0 与本表项的网络地址 20.2.0.0 不同，说明路由选择不成功，需要与下一个表项进行运算操作，直到进行到第三个表项，得到相同的网络地址 20.1.0.0，说明路由选择成功。于是，R2 将 IP 数据报转发给指定的下一个路由器 20.2.0.8。

如果路由器 R3 收到某一数据报，其转发原理与 R2 的类似，也需要通过查看自己的路由表决定数据报去向。

这里还需要说明一个问题，在图 5.18 中，路由器 R2 的一个端口 IP 地址是 20.2.0.3，另一个端口的 IP 地址是 20.3.0.9，某路由器的路由表建立的时候，具体要用 R2 哪一个端口的 IP 地址作为下一个路由器的 IP 地址呢？

这主要取决于需要转发的数据包的流向，如果是 R3 经过 R2 向 R1 转发某一数据报，IP 地址为 20.3.0.9 的这一端口为路由器 R2 的数据流入端口，IP 地址为 20.2.0.3 的这一端口为路由器 R2 的数据流出端口，这时，用流入端口的 IP 地址作为下一个路由器的 IP 地址。也可以这么说，逻辑上与 R3 更近的 R2 的某一端口的 IP 地址，就是 R3 的下一个路由器的 IP 地址。

2. 路由表中的两种特殊路由

为了缩小路由表的长度，减少查询路由表的时间，用网络地址作为路由表中下一个路由器的 IP 地址，但也有两种特殊情况。

（1）默认路由

默认路由指在路由选择中，在没有明确指出某一数据报的转发路径时，为进行数据转发的路由设备设置一个默认路径。也就是说，如果有数据报需要其转发，则直接转发到默认路径的下一条地址。这样做的好处是可以更好地隐藏互联网细节，进一步缩小路由表的长度。在路由选择算法中，默认路由的子网掩码是 0.0.0.0，目的网络地址是 0.0.0.0，下一个路由器地址就是要进行数据转发的第一个路由器的 IP 地址，默认路由如图 5.19 所示。

图5.19　默认路由

对于图 5.19，如果给定主机 A 和主机 B 的路由表，如表 5.8 和表 5.9 所示。如果主机 A 想要发送数据包到主机 B，它有两条路径可以选择，从路由器 R1、R4 的路径转发或者从路由器 R2、R3 的路径转发，具体从哪里转发数据呢？这就要看一看主机 A 的路由表了（这里需要补充说明一下，在网络中，任何设备如果需要进行路由选择，它就需要拥有一张存储在自己内存中的路由表），主机 A 的路由表有两个表项，如果数据要发送到本子网的其他主机中，则遵循第一行的表项，直接投递到本子网某一主机。如果主机 A 想要发送数据到主机 B，通过主机 A 路由表的第二行表项来看，主机 A 的默认路由是路由器 R2，所以数据就会通过 R2 转发给主机 B，而不会通过 R1 转发。这就是默认路由的用处。同理主机 B 向主机 A 发送数据，会通过 R4 转发。

表 5.8　主机 A 的路由表

目的网络地址	子网掩码	下一个路由器的 IP 地址
20.1.0.0	255.255.0.0	直接投递
0.0.0.0	0.0.0.0	20.1.0.12

表 5.9　主机 B 的路由表

目的网络地址	子网掩码	下一个路由器的 IP 地址
20.3.0.0	255.255.0.0	直接投递
0.0.0.0	0.0.0.0	20.3.0.13

（2）特定主机路由

特定主机路由在路由表中为某一个主机建立一个单独的路由表项，目的地址不是网络地址，而是那个特定主机实际的 IP 地址，子网掩码是特定的 255.255.255.255，下一个路由器的 IP 地址和普通路由表项相同。互联网上的某些主机比较特殊，例如服务器，通过设立特定主机路由表项，管理员对它的管理可以更加方便，安全性和控制性也会更好。

5.5　静态路由与动态路由

5.4 节讲到路由的原理，路由表决定了路由选择的具体方向，如果路由表出现问题，IP 数据报是无法到达目的地的。本节重点介绍路由表的建立方式及其特点。路由可以分为两类，即静态路由和动态路由，静态路由一般是由网络管理员手动设置的路由，而动态路由则是路由器中的动态路由协议根据网络拓扑结构和特定的要求自动生成的路由。静态路由的优点是网络寻址快捷，动态路由的优点是对网络变化的适应性强。

5.5.1　静态路由

静态路由是由网络管理员在路由器上手动添加路由信息来实现的路由。当网络的结构或链路的状态发生改变时，网络管理员必须手动对路由表中相关的静态路由信息进行修改。

静态路由信息在默认状态下是私有的，不会发送给其他的路由器。当然，通过对路由器手动设置也可以使之共享。一般的静态路由经过保存后重启路由器都不会消失，但相应端口关闭或失效时就会有相应的静态路由消失。静态路由的优先级很高，当静态路由和动态路由冲突时，要遵循静态路由来执行路由选择的规则。

既然是手动设置的路由信息，那么网络管理员就更容易了解整个网络的拓扑结构，更容易配置路由信息，网络安全的保密性也就更高，当然这需要网络结构不太复杂。

如果网络结构较复杂，就没办法手动配置路由信息了，这是静态路由的一个缺点：一方面，网络管理员难以全面地了解整个网络的拓扑结构；另一方面，当网络的拓扑结构和链路状态发生变化时，路由器中的静态路由信息需要大范围地调整，这一工作的难度和复杂程度非常高。另一个缺点就是如果静态路由手动配置错误，数据将无法转发到目的地。

单击“开始”→“运行”命令，弹出“运行”对话框，在该对话框的“打开”文本框内输入“cmd”并单击“确定”按钮，在弹出的命令提示符窗口里执行“route print”来查看自己主机的路由表，如图 5.20 所示。

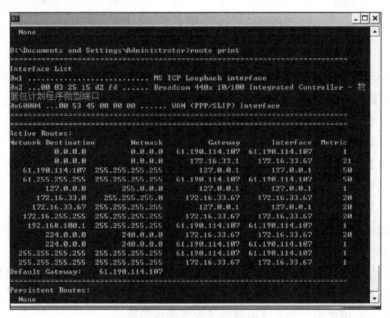

图5.20　查看路由表

在图 5.20 中，Network Destination 表示目的网络地址，Netmask 表示子网掩码，Gateway 表示下一个路由器的 IP 地址，Interface 表示下一个路由器的接口 IP 地址，Metric 将在后文的动态路由中介绍。

在命令提示符窗口中，还可以对路由信息进行如下操作。

（1）添加。命令格式：route add 目的网络　子网掩码　下一个路由器的 IP 地址。

（2）删除。命令格式：route delete 目的网络。

（3）改变。命令格式：route change 目的网络　子网掩码　新的下一个路由器的 IP 地址。

5.5.2　动态路由

动态路由是指路由器能够通过一定的路由协议和算法，自动地建立自己的路由表，并且能够根据拓扑结构和实际通信量的变化适时地进行调整的路由。

动态路由有更好的自主性和灵活性，适用于拓扑结构复杂、网络规模庞大的互联网络环境。一旦网络当中的某一路径出现问题，数据就不能在此路径上转发，动态路由可以根据实际情况更改路径。

如图 5.21 所示，如果主机 A 发送数据到主机 B，原来是走 R1—R2—R4 的路径，但如果这时 R2 出现了故障，则无法把数据转发给 R4，如果是静态路由，主机 A—主机 B 的路径肯定会瘫痪，直到网络管理员手动更改路径为止。但对动态路由而言，它可以根据一定的协议和算法自动更改路径为 R1—R3—R4。

图5.21　动态路由路径

动态路由还有一个优点就是可以自动选择更优路径进行数据传送，具体怎么判定最优路径呢？这就需要有一个度量值 Metric 作为标准，Metric 值可以由多种因素确定。

① 路径所包含的路由器节点数，又叫作跳段计数（Hop Count）。

② 网络传输费用（Cost）。

③ 带宽（Bandwidth）。

④ 延迟（Delay）。

⑤ 负载（Load）。

⑥ 可靠性（Reliability）。

⑦ 最大传输单元（MTU）。

一般来说，Metric 值越小，某条路径就越好。例如，如果图 5.21 中 R1—R2—R4（Metric=5）、R1—R3—R4（Metric=10）两条路径都可以实现主机 A 向主机 B 转发数据，但 R1—R2—R4这条路径的 Metric 值更小，动态路由就会优先选择这条路径。

动态路由的缺点是因为网络结构比较复杂，路由信息比较多，所以会占用路由设备 CPU、内存等资源。

5.6　路由协议

对动态路由来说，路由协议的选择会直接影响网络性能，不同类型的网络要选择不同的路由协议。路由协议分为内部网关协议和外部网关协议。应用较广泛的内部网关协议包括路由信息协议和开放最短通路优先协议，外部网关协议是边界网关协议，本书只讨论内部网关协议。

5.6.1　路由信息协议

路由信息协议（Routing Information Protocol，RIP）是早期互联网最为流行的路由协议，使用向量-距离（Vector-Distance）路由选择算法，即路由器根据距离选择路由，所以也称为距离向量协议。路由器收集所有可到达目的地的不同路径，并且保存有关到达每个目的地的最少节点数的路径信息，除到目的地的最佳路径外，其他信息均予以丢弃。同时路由器也把所收集的路由信息用 RIP 通知相邻的其他路由器。这样，正确的路由信息逐渐扩散到了全网。

RIP 路由器每隔 30s 触发一次路由表刷新。刷新计时器用于记录时间量。一旦时间到，RIP 节点就会产生一系列包含自身全部路由表的报文。这些报文广播到每一个相邻节点。因此，每一个 RIP 路由器大约每隔 30s 应收到从每个相邻 RIP 节点发来的更新信息。

RIP 路由器要求在每个广播周期内，都能收到邻近路由器的路由信息，如果不能收到，路由器将会放弃这条路由：如果在 90s 内没有收到，路由器将用其他邻近的具有相同跳跃次数（Hop）的路由取代这条路由；如果在 180s 内没有收到，该邻近的路由器被认为不可达。

对图 5.22 所示的 R1 来说，在初始阶段，R1 的路由表里只有与之直接相连的网络的路由信息，如表 5.10~表 5.12 所示，但经过一次 R2 对 R1 路由表的 RIP 刷新，情况就不一样了，R2 路由表有一个关于网络 30.0.0.0 的表项是 R1 初始时不知道的，经过一次 RIP 刷新，R1 增加了一条到网络 30.0.0.0 的表项，路径要从 R2 转发，距离增加 1。R2 的刷新原理和 R1 的一样，刷新后的路由表如表 5.13 所示。

图5.22　例图

表 5.10　R1 初始路由表

目的网络	路径	距离
10.0.0.0	直接投递	0
20.0.0.0	直接投递	0

表 5.11　R2 初始路由表

目的网络	路径	距离
30.0.0.0	直接投递	0
20.0.0.0	直接投递	0

表 5.12 R1 刷新后的路由表

目的网络	路径	距离
10.0.0.0	直接投递	0
20.0.0.0	直接投递	0
30.0.0.0	R2	1

表 5.13 R2 刷新后的路由表

目的网络	路径	距离
30.0.0.0	直接投递	0
20.0.0.0	直接投递	0
10.0.0.0	R1	1

RIP 使用非常广泛，它简单、可靠，便于配置。但是 RIP 只适用于小型的同构网络，因为它允许的最大节点数为 15，任何超过 15 个节点的目的地均被标记为不可达。而且 RIP 每隔 30s 一次的路由信息广播也是造成网络广播风暴的重要原因之一。

5.6.2 开放最短通路优先协议

在众多的路由协议中，开放最短通路优先协议（Open Shortest Path First，OSPF）已成为目前广域网采用最多、应用最广泛的路由协议。OSPF 是基于链路-状态（Link-Status）算法的路由协议，它弥补了 RIP 的许多缺陷，是一个重要的路由协议。

1. 链路-状态算法

要了解 OSPF，必须先理解它采用的链路-状态算法[也叫作最短通路优先（SPF）算法]，该算法的基本思想：每一个路由器都会建立和保持区域网络整体拓扑结构的统一数据库，该数据库中包含相邻路由器间的链路状态、开销等信息。利用通路最短的原则可以建立一个以该路由器为根、分支到所有其他路由器的生成树，依据这棵生成树就可以计算出该路由器的路由表。在链路-状态算法中，该生成树被称为最短路径树。

图 5.23 所示是一个由 4 个路由器和 4 个子网组成的网络（Metric 值已标明），R1、R2、R3、R4 会相互广播报文，通知其他路由器自己与相邻路由器之间的连接关系。利用这些关系，每一个路由器都可以生成一张拓扑结构图，如图 5.24 所示。根据这张图，R1 可以根据链路-状态算法计算出自己的最短路径树，如图 5.25 所示。注意这棵树里不包含 R3，这是因为 R1 要到达 4 个网络中的任何一个，不需要经过 R3。还有一点需要注意的是，R1 到达 net4 是通过 net2 到达的而不是通过 net1 到达的，这是由于通过 net2 的路径的 Metric 值比通过 net1 的路径的要小。表 5.14 所示是 R1 根据最短路径树生成的路由表。

链路-状态算法具体可分为以下 3 个过程。

（1）在路由器初始化或者网络的结构发生变化时，路由器会生成链路状态广播（Link-State Advertisement，LSA），该数据包里包含与此路由器相连的所有端口的状态信息、网络结构的变化，例如有路由器的增减、链路状态的变化等。

图5.23　由4个路由器和4个子网组成的网络

图5.24　拓扑结构图　　　　　　　　　图5.25　R1的最短路径树

表 5.14　R1 的路由表

目的网络	路径	开销
net1	直接投递	5
net2	直接投递	3
net4	R2	14
net3	R4	13

（2）各个路由器通过洪泛（Flooding）过程来交换各自知道的路由状态信息。即某路由器将自己生成的 LSA 发送给所有与之相邻的执行 OSPF 的路由器，这些相邻的路由器根据收到的刷新信息更新自己的数据库，并将该链路状态信息转发给与之相邻的其他路由器，直至达到一个相对平静的过程。

（3）当整个区域的网络相对平静下来，或者说 OSPF 收敛起来时，区域里所有的路由器会根据自己的链路状态信息数据库计算出自己的路由表。在整个过程完成后，网络上数据包就根据各个路由器生成的路由表转发。这时，网络中传递的链路状态信息很少，达到了一个相对稳定的状态，直到网络结构再次发生较大变化。能够快速收敛是链路-状态算法的一个特性，也是区别于向量-距离算法的重要标志。

2. OSPF 的分区概念

OSPF 是一种分层次的路由协议，其层次中最大的实体是自治系统（Autonomous System，AS，即遵循共同路由策略管理下的一部分网络实体）。在一个 AS 中，网络被划分为若干个不同的区域，每个区域都有自己特定的标识号。对于主干区域（Backbone Area，一般是 area0），其负责在区域之间分发链路状态信息。

这种分层次的网络结构是根据 OSPF 的实际需要提出来的。当网络中 AS 非常大时，网络拓扑结构数据库的信息内容就非常多，所以如果不分层次，一方面容易造成数据库溢出，另一方面，当网络中某一链路状态发生变化时，会引起整个网络中每个节点都重新计算一遍自己的路由表，既浪费资源与时间，又会影响路由协议的性能（如聚合速度、稳定性、灵活性等）。因此，需要把 AS 划分为多个区域，每个区域内部维持本区域唯一的一张拓扑结构图，且各区域根据自己的拓扑结构图各自计算路由，区域边界路由器把各个区域的内部路由总结后在区域间扩散。

这样，当网络中的某条链路状态发生变化时，此链路所在的区域中的每个路由器重新计算本区域路由表，其他区域中路由器只需修改其路由表中的相应条目而无须重新计算整个路由表，节省了计算路由表的时间。

如图 5.26 所示，整个图中所有设备组成一个 AS，area0 是主干区域，其他所有区域必须在逻辑上与 area0 相邻接，这样才能与 area0 交换信息。处于 area0 与其他区域交界的 4 个路由器叫作区域边界路由器，负责其他区域与 area0 的信息交换。

图5.26　OSPF区域

3. OSPF 路由表的计算

路由表的计算是 OSPF 的重要内容，通过下面 4 步计算，就可以得到一个完整的 OSPF 路由表。其中步骤（3）、（4）涉及更深层次内容，本书不做讨论。

（1）保存当前路由表：如果当前存在的路由表为无效的，必须从头开始重新建立路由表。

（2）区域内路由的计算：通过链路-状态算法建立最短路径树，从而计算区域内路由。

（3）区域间路由的计算：通过检查主链路状态通告 Summary-LSA，来计算区域间路由，若该路由器连到多个区域，则只检查主干区域的 Summary-LSA。

（4）查看 Summary-LSA：在连到一个或多个传输域的区域边界路由器中，检查该域内的 Summary-LSA，将其与步骤（2）、（3）的路由信息比较，选择更合适的路由信息。

OSPF 作为一种重要的内部网关协议，极大地增强了网络的可扩展性和稳定性，同时也反映出了动态路由协议的强大功能，适合在大规模网络中使用。但是其在计算过程中，比较耗费路由器的 CPU 资源，而且有一定带宽要求。

本章小结

网络层是整个网络的核心层，它的主要功能就是寻址和路由，利用相邻两层提供的服务实现数据的通信，把数据从源网络发送到目的网络。

本章重要的知识点如下。

（1）IP 地址：网络层十分重要的地址，路由器通过它才能实现寻址和转发。

（2）子网划分：子网在实际组网中十分常见，它的应用对网络的安全和方便管理起到了非常重要的作用。

（3）IP：互联网中一个重要的协议，负责 IP 寻址、路由选择、分段及包重组。

（4）路由器：计算机网络中的重要通信设备，实现路由选择。

（5）路由表：用来存放目的地址以及如何到达目的地址的信息。

（6）静态路由与动态路由：静态路由是网络管理员手动添加路由信息的路由；动态路由是路由器根据一定的算法和路由协议自动生成路由表的路由。

（7）RIP：使用向量-距离路由选择算法，即路由器根据距离（跳数）选择路由，所以也称为距离向量协议。

（8）OSPF：使用链路-状态路由选择算法，主要依据带宽确定度量值大小，一般用于同一个 AS 内。

实训 1　子网规划与划分

1. 实训目的

掌握 IP 地址的分配和划分子网的方法。

2. 实训环境

用以太网交换机连接起来的 Windows 操作系统计算机或者 Cisco Packet Tracer 模拟软件。

3. 实训内容

实训内容包括 IP 地址分配和划分子网。

（1）子网规划。进行 IP 地址分配前需进行子网规划，选择的子网号部分应能产生足够的子网数，选择的主机号部分应能容纳足够的主机，路由器需要占用有效的 IP 地址。

（2）在局域网上划分子网。子网编址的初衷是避免小型或微型网络浪费 IP 地址。将一个大规模的物理网络划分成几个小规模的子网：各个子网在逻辑上独立，没有路由器的转发，子网之间的主机不能相互通信。

192.168.1.0 划分子网实例如下。

① 进行子网地址分配。

如果子网号借 4 位，则常用的子网数有 $2^4-2=14$ 个，剩余 4 位主机号，每个子网最多连接 $2^4-2=14$ 台主机，这时的子网掩码是 255.255.255.240，子网地址分配如表 5.15 所示。

表 5.15　192.168.1.0 在子网掩码为 255.255.255.240 时的地址分配

子网	子网掩码	IP 地址范围	子网地址	直接广播地址	有限广播地址
1	255.255.255.240	192.168.1.17～192.168.1.30	192.168.1.16	192.168.1.31	255.255.255.255
2	255.255.255.240	192.168.1.33～192.168.1.46	192.168.1.32	192.168.1.47	255.255.255.255
3	255.255.255.240	192.168.1.49～192.168.1.62	192.168.1.48	192.168.1.63	255.255.255.255
4	255.255.255.240	192.168.1.65～192.168.1.78	192.168.1.64	192.168.1.79	255.255.255.255
5	255.255.255.240	192.168.1.81～192.168.1.94	192.168.1.80	192.168.1.95	255.255.255.255
6	255.255.255.240	192.168.1.97～192.168.1.110	192.168.1.96	192.168.1.111	255.255.255.255
7	255.255.255.240	192.168.1.113～192.168.1.126	192.168.1.112	192.168.1.127	255.255.255.255
8	255.255.255.240	192.168.1.129～192.168.1.142	192.168.1.128	192.168.1.143	255.255.255.255
9	255.255.255.240	192.168.1.145～192.168.1.158	192.168.1.144	192.168.1.159	255.255.255.255
10	255.255.255.240	192.168.1.161～192.168.1.174	192.168.1.160	192.168.1.175	255.255.255.255
11	255.255.255.240	192.168.1.177～192.168.1.190	192.168.1.176	192.168.1.191	255.255.255.255
12	255.255.255.240	192.168.1.193～192.168.1.206	192.168.1.192	192.168.1.207	255.255.255.255
13	255.255.255.240	192.168.1.209～192.168.1.222	192.168.1.208	192.168.1.223	255.255.255.255
14	255.255.255.240	192.168.1.225～192.168.1.238	192.168.1.224	192.168.1.239	255.255.255.255

② 子网划分拓扑结构如图 5.27 所示。

图5.27　子网划分拓扑结构

③ 配置计算机的 IP 地址和子网掩码。

④ 测试子网划分、IP 地址分配和计算机配置是否正确。

a. 处于同一子网的计算机是否能够通信？（利用 ping 命令，观察 ping 命令输出结果，如利用 IP 地址为 192.168.1.17 的计算机去 ping IP 地址为 192.168.1.19 的计算机。）

b. 处于不同子网的计算机是否能够通信？（利用 ping 命令，观察 ping 命令输出结果。如利用 IP 地址为 192.168.1.17 的计算机去 ping IP 地址为 192.168.1.162 的计算机。）

实训 2　路由器的基本配置

1. 实训目的
掌握路由器的基本配置命令。

2. 实训环境
Cisco Packet Tracer 模拟软件。

3. 实训内容
实训内容包括：① 连接网络线缆；② 配置路由器基本信息；③ 配置路由器相应端口。

网络拓扑结构如图 5.28 所示。

图5.28　网络拓扑结构

地址分配如表 5.16 所示。

表 5.16　地址分配

设备	接口	IP 地址	子网掩码	默认网关
R1	Fa0/0	192.168.1.1	255.255.255.0	不适用
	S0/0/0	192.168.2.1	255.255.255.0	不适用
R2	Fa0/0	192.168.3.1	255.255.255.0	不适用
	S0/0/0	192.168.2.2	255.255.255.0	不适用
PC1	不适用	192.168.1.10	255.255.255.0	192.168.1.1
PC2	不适用	192.168.3.10	255.255.255.0	192.168.3.1

任务 1　对路由器 R1 进行基本配置

步骤 1：建立与路由器 R1 的超级终端会话。
步骤 2：进入特权执行模式。

```
Router>enable
Router#
```

步骤 3：进入全局配置模式。

```
Router#configure terminal
Router (config) #
```

步骤 4：将路由器名称配置为 R1。

```
Router (config) #hostname R1
R1 (config) #
```

步骤 5：禁用 DNS 查找。

```
R1 (config) #no ip domain-lookup
```

（思考在实训环境中禁用 DNS 查找的原因）

步骤 6：配置执行模式口令。

使用 "enable secret 密码" 命令配置执行模式口令。

```
R1 (config) #enable secret hello
```

（思考 enable secret 和 enable password 的区别）

步骤 7：在路由器上配置控制台线路的口令。

使用 cisco 作为口令。配置完成后，退出线路配置模式。

```
R1 (config) #line console 0
R1 (config-line) #password cisco
R1 (config-line) #login
R1 (config-line) #exit
```

步骤 8：为虚拟终端线路配置口令。

使用 cisco 作为口令。配置完成后，退出线路配置模式。

```
R1 (config) #line vty 0 4
R1 (config-line) #password cisco
R1 (config-line) #login
R1 (config-line) #exit
```

任务 2　对路由器 R1 进行端口配置

步骤 1：配置 FastEthernet0/0（简写为 Fa0/0）接口。

使用 IP 地址 192.168.1.1/24 配置 Fa0/0 接口。

```
R1 (config) #interface fa0/0
R1 (config-if) #ip address 192.168.1.1 255.255.255.0
R1 (config-if) #no shutdown
```

步骤 2：配置 Serial0/0/0（简写为 S0/0/0）接口。

使用 IP 地址 192.168.2.1/24 配置 S0/0/0 接口。将时钟频率设置为 64000。

```
R1 (config-if) #interface s0/0/0
R1 (config-if) #ip address 192.168.2.1 255.255.255.0
R1 (config-if) #clock rate 64000
R1 (config-if) #no shutdown
```

注意：配置并激活 R2 上的串行接口后，此接口才会激活。

步骤 3：返回特权执行模式。

```
R1(config-if)#end
R1#
```

步骤 4：保存 R1 配置。

```
R1#copy running-config startup-config
```

任务 3 对路由器 R2 进行配置

按照图 5.28 和表 5.16 对 R2 进行相应配置。

任务 4 对 PC1 和 PC2 进行配置

按照图 5.28 和表 5.16 对 PC1 和 PC2 进行相应配置。

任务 5 查看相应配置

在路由器 R1 上的特权执行模式下执行以下命令查看相应信息。

（1）show running-config，查看路由器基本配置信息。

（2）show ip route，查看路由表的表项。

（3）show ip interface brief，查看路由器各端口简要信息。

实训 3 静态路由与动态路由

1. 实训目的

掌握路由器静态路由和动态路由 RIP 的配置命令。

2. 实训环境

Cisco Packet Tracer 模拟软件。

3. 实训内容

实训内容包括：① 配置路由器基本信息；② 配置路由器静态路由；③ 配置路由器动态路由 RIP。

网络拓扑结构如图 5.29 所示。

图5.29 网络拓扑结构

地址分配如表 5.17 所示。

表 5.17　地址分配

设备	接口	IP 地址	子网掩码	默认网关
R1	Fa0/0	192.168.1.1	255.255.255.0	不适用
	S0/0/0	192.168.2.1	255.255.255.0	不适用
R2	Fa0/0	192.168.3.1	255.255.255.0	不适用
	S0/0/0	192.168.2.2	255.255.255.0	不适用
PC1	不适用	192.168.1.10	255.255.255.0	192.168.1.1
PC2	不适用	192.168.3.10	255.255.255.0	192.168.3.1

任务 1　配置路由器基本信息

按照实训 2 配置相应路由器及 PC 信息。

任务 2　配置路由器静态路由

方法一

```
R1 (config)#ip route 192.168.3.0 255.255.255.0 192.168.2.2    R1 静态路由设置
R1 (config)#end
R1#show ip route      查看路由表
R2 (config)#ip route 192.168.1.0 255.255.255.0 192.168.2.1
R2 (config)#end
R2#show ip route      查看路由表
PC1 ping PC2          测试网络连通性
```

方法二
先删除方法一的配置。

```
R1 (config)#no ip route 192.168.3.0 255.255.255.0
R2 (config)#no ip route 192.168.1.0 255.255.255.0
R1 (config)#ip route 192.168.3.0 255.255.255.0 s0/0/0          R1 静态路由设置
R1 (config)#end
R1#show ip route      查看路由表
R2 (config)#ip route 192.168.1.0 255.255.255.0 s0/0/0
R2 (config)#end
R2#show ip route      查看路由表
PC1 ping PC2          测试网络连通性
```

任务 3　配置路由器动态路由 RIP

动态路由协议中 RIP 的设置，删除静态路由配置。

```
R1 (config)#no ip route 192.168.3.0 255.255.255.0
R2 (config)#no ip route 192.168.1.0 255.255.255.0
```

```
R1 (config) #router rip
R1 (config) #network 192.168.1.0
R1 (config) #network 192.168.2.0
R2 (config) #router rip
R2 (config) #network 192.168.2.0
R2 (config) #network 192.168.3.0
R1 (config) #end
R1#show ip route        查看路由表
R2 (config) #end
R2#show ip route        查看路由表
PC1 ping PC2            测试网络连通性
```

习　题

1. 选择题

（1）网络层的主要功能是（　　　）。

　　A. 差错控制　　　　　B. 数据压缩　　　　　C. 数据加密　　　　　D. 路由选择

（2）IP 地址共分（　　　）类。

　　A. 2　　　　　　　　B. 3　　　　　　　　C. 5　　　　　　　　D. 6

（3）常用的 IP 地址类型有（　　　）。

　　A. A、B、C　　　　B. C、D、E　　　　C. A、D、E　　　　D. B、C、E

（4）子网掩码 255.255.192.0 的二进制数表示为（　　　）。

　　A. 11111111 11110000 00000000 00000000

　　B. 11111111 11111111 00001111 00000000

　　C. 11111111 11111111 11000000 00000000

　　D. 11111111 11111111 11111111 00000000

（5）IP 地址 190.233.27.13/16 所在的网段的网络地址是（　　　）。

　　A. 190.0.0.0　　　　B. 190.233.0.0　　　　C. 190.233.27.0　　　D. 190.233.27.1

（6）某公司申请到一个 C 类 IP 地址，但要连接 6 个子公司，最大的一个子公司有 26 台计算机，每个子公司在一个网段中，则子网掩码应设为（　　　）。

　　A. 255.255.255.0　　　　　　　　　　　B. 255.255.255.128

　　C. 255.255.255.192　　　　　　　　　　D. 255.255.255.224

（7）一个 B 类 IP 地址最多可用（　　　）位来划分子网。

　　A. 8　　　　　　　　B. 14　　　　　　　　C. 16　　　　　　　　D. 22

（8）假定有 IP 地址 190.5.6.1，子网掩码 255.255.252.0，那么这个 IP 地址所在的网络号是（　　　），子网广播地址是（　　　）。

　　A. 190.5.4.0　190.5.7.255　　　　　　　B. 190.5.4.0　190.5.4.255

　　C. 190.5.4.0　190.5.4.254　　　　　　　D. 190.5.1.0　190.5.1.255

（9）网段 175.25.8.0/19 的子网掩码是（   ）。

A. 255.255.0.0

B. 255.255.224.0

C. 255.255.24.0

D. 依赖于地址类型

（10）RARP 的典型应用是（   ）。

A. 笔记本电脑　　B. 服务器　　　C. 无盘工作站　　D. 台式机

（11）子网络号是从（   ）中划分来的。

A. 网络号

B. 主机号

C. 本来就有的

D. 没有正确答案

（12）一般路由表的目的地址是（   ）。

A. 目的主机 IP 地址

B. 目的网络的网络地址

C. MAC 地址

D. 路由器的 IP 地址

（13）（   ）的说法正确。

A. OSPF、RIP 都适合静态的、小规模的网络

B. OSPF、RIP 都适合动态的、大规模的网络

C. OSPF 适合动态的、小规模的网络；RIP 适合静态的、小规模的网络

D. OSPF 适合动态的、大规模的网络；RIP 适合动态的、小规模的网络

（14）OSPF 的主干区域一般用（   ）表示。

A. area1　　　　B. area2　　　　C. area3　　　　D. area0

2. 填空题

（1）路由器具有_____、_____、_____、_____、_____、_____功能。

（2）ARP 的功能是_____。

（3）子网掩码的定义是_____。

（4）从功能上分类，路由器可分为_____、_____、_____。

（5）对默认路由来说，子网掩码是_____，目的网络是_____，下一个路由器 IP 地址是_____；对特定主机路由来说，子网掩码是_____，目的地址是_____，下一个路由器 IP 地址是_____。

3. 简答题

（1）简述 RIP 的基本思想。

（2）简述链路-状态算法的基本思想。

（3）简述 OSPF 为什么要分区。

4. 应用题

（1）一公司有经理室、财务处、广告部、人事处、研发部等 9 个部门，人员最多的部门有 10 台计算机，现有 IP 地址段 192.168.1.0，请根据需求划分出子网，计算子网号、子网掩码、每个子网的范围。

（2）图 5.30 所示是某个网络的结构，请为这个网络中的各个设备和子网分配 C 类（200.1.1.0）IP 地址，并写出各个路由器的静态路由表。

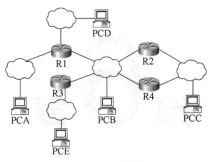

图5.30 网络结构

（3）写出 5.6.2 节里图 5.24 中 R2、R3、R4 的最短路径树和各自的 OSPF 路由表。

第 6 章

传输层

知识目标

- 理解端到端的概念、面向连接的服务和无连接的服务
- 掌握端口的概念及常用的端口
- 掌握 TCP 及其工作原理
- 了解基于 UDP 的一些应用层协议

技能目标

- 学会固定端口和动态端口的分配使用
- 能够由传输层 TCP、UDP 及端口情况判断计算机网络工作异常状态

素质目标

- 具备独立思考、探索知识的能力
- 培养团队协同合作和奉献精神

本章从分析网络层存在的问题入手，为了弥补网络层的缺陷，提供端到端的传输服务，引入传输层的两个协议 TCP 与 UDP，并对 TCP 与 UDP 进行详细的分析，同时对传输层的端口、基于 TCP 与 UDP 的常用的应用进行较详细的介绍。

6.1 传输层简介

传输层是 OSI 参考模型中非常重要、关键的一层，是唯一负责总体数据传输和数据控制的一层，传输层提供端到端的交换数据机制。

6.1.1 传输层的提出

传输层是 OSI 参考模型中的第四层，其下一层是网络层。由于分层功能的划分，IP 只负责实现对数据进行分段、重组，在多种网络中传送，其他功能无法实现，存在着以下问题。

（1）IP 包在网络层传送过程中由于网络硬件损坏，网络负荷过重，目的网络、目的主机、目标端口不可达等原因，会导致 IP 包被丢弃或损坏。

（2）由于 IP 包的大小是有限的，而应用系统之间交换的数据往往会超过这个限制，因此，必须有一套机制将应用系统送来的数据进行划分，以符合 IP 包的传送要求。

（3）由于 IP 包路由的复杂性及不可预测性，IP 包的抵达通常不是按顺序的，必须对 IP 包进行组装和控制。

（4）主机上同时可能有多个应用系统之间需要进行通信的情况，需要标示；需要一套传输控制机制，以更可靠、更方便和更有效地传送数据，且将这种机制与应用程序分离，并向应用程序提供一致的数据流传送接口。

传输层就是为满足上述要求而产生的。

传输层的目的是在网络层提供主机之间通信服务的基础上，向主机上应用进程之间提供可靠（如果需要的话）的数据通信服务；接收由上层协议传来的数据，并以 IP 包可以接收的格式进行"封装"工作；通过网络层提供的服务进行数据的传送和回应的确认，以及处理数据流的错误检测、组装和控制。

6.1.2　传输层的两个协议

TCP/IP 体系结构的传输层的两个协议 TCP 和 UDP 都是因特网的正式标准。

1. TCP

TCP（Transmission Control Protocol，传输控制协议）提供面向连接（Connection Oriented）的、全双工的、可靠的传输服务，主要有以下特点。

（1）面向连接（采用虚电路技术）的服务，需要建立/释放连接。

（2）全双工字符流通信。

（3）支持报文分组。

（4）提供包的差错控制、顺序控制、应答与重传机制。

（5）提供流量控制。

（6）保证发送方不会"淹没"接收方。

（7）提供报文拥塞控制。

（8）保证发送方不会"淹没"网络中的路由器。

2. UDP

UDP（User Datagram Protocol，用户数据报协议）是一个无连接（Connectionless）的、非可靠传输的协议，只提供一种基本的、低延迟的数据通信服务，主要有以下特点。

（1）没有确认机制来保证数据是否正确地被接收。

（2）不需要重传遗失的数据。

（3）数据的接收可不必按顺序进行。

（4）没有控制数据流速度的机制。

（5）适合信息量较大、时效性大于可靠性的传输。

6.1.3　传输层的主要任务

OSI 参考模型下三层的主要任务是数据通信，上三层的主要任务是数据处理，而传输层是 OSI 参考模型中的第四层。因此，传输层是通信子网和资源子网的接口和桥梁，起到承上启下的作用。

传输层的主要任务是向用户提供可靠的端到端的差错和流量控制，保证报文的正确传输，包括以下 3 个方面。

（1）连接管理，提供建立、维护、释放传输层的连接。

（2）流量控制、差错检测，提供端到端的错误恢复和流控制。

（3）对用户请求的响应，向会话层提供独立于网络层的传送服务和可靠的透明数据传送。

6.2　传输层端口

网络层只是根据网络地址将源节点发出的数据包传送到目的节点，而传输层则利用通信子网资源，提供建立、维护和释放传输连接的功能，负责将数据可靠地传送到相应的端口。

6.2.1　什么是端口

主机上可能有多个进程同时运行，发送端如何将数据包发给指定进程呢？当数据包抵达目的地后，接收端又如何将它交给正确的服务进程处理呢？

TCP 与 UDP 都是使用与应用层接口处的端口与上层的应用进程进行通信的。

端口（Port）是非常重要的概念。在网络技术中，端口有好几种意思。集线器、交换机、路由器的端口指的是连接其他网络设备的接口，如 RJ-45 端口、Serial 端口等。这里所指的端口不是指物理意义上的端口，而是特指 TCP/IP 中的端口，是逻辑意义上的端口，如图 6.1 所示。

为每个需要通信的应用程序分配一个通信端口，在 TCP/IP 中，其值为 1～216，用于唯一标识一个进程。

在 TCP/IP 中如果把 IP 地址比作一间房子，端口就是这间房子的门。真正的房子只有几扇门，但是一个 IP 地址的端口可以有 65536 个。端口是通过端口号来标记的，范围是 0～65535。

在技术上，进程使用哪一个端口并不重要，关键是能让对方知道就行，同一主机中进程的端口号必须是唯一的。

一台拥有 IP 地址的主机可以提供许多服务，如 Web 服务、FTP 服务、简单邮件传送协议（Simple Mail Transfer Protocol，SMTP）服务等，这些服务完全可以通过一个 IP 地址来实现。那么，主机是怎样区分不同的网络服务的呢？显然不能只靠 IP 地址，因为 IP 地址与网络服务的关系是一对多的关系。实际上是通过"IP 地址+端口号"[也叫套接字（Socket）]来区分不同的网络服务的。需要注意的是，端口并不是一一对应的，端口号只具有本地意义。例如，如果计算机作为客户机访问一台 Web 服务器，Web 服务器使用"80"端口与这台计算机通信，该计算机则可能使用的是"3480"这样的端口。

图6.1 端口概念示意

按对应的协议类型，端口有两种：TCP 端口和 UDP 端口。由于 TCP 和 UDP 两个协议是独立的，因此各自的端口号也相互独立，例如 TCP 有 235 端口，UDP 也可以有 235 端口，两者并不冲突。

6.2.2 端口的种类

端口号分为两类。一类是由互联网名称与数字地址分配机构（Internet Corporation for Assigned Names and Numbers，ICANN）负责分配给一些常用的应用程序固定使用的熟知端口，其范围是 0～1023，如表 6.1 所示。

表 6.1 常用的熟知端口

应用程序	FTP	Telnet	SMTP	DNS	TFIP	HTTP	SNMP
熟知端口	20	23	25	53	69	80	161

网络服务也可以使用其他端口号，如果不是默认的端口号，则应该在地址栏上指定端口号，例如 www.cce.com.cn:8080，说明是使用"8080"作为 Web 服务器的端口。有些系统协议使用固定的端口号，它是不能被改变的，例如"139"端口专门用于 NetBIOS 与 TCP/IP 之间的通信，不能手动改变。

另一类是动态端口，其范围是 1024～65535，之所以称为动态端口，是因为它一般不固定分配某种服务，而是动态分配。

6.3 传输控制协议

微课视频

在 TCP/IP 体系结构中，采用传输控制协议（TCP）传输的协议数据单元称为 TCP 报文段，简称段（Segment），段是基于字节的数据结构。

TCP 发送段的过程如图 6.2 所示。图 6.2 中只画出了一个方向的段传输，实际上，只要建立了 TCP 连接，就能同时支持双向通信的数据流，也就是说，数据流是双向的。

TCP 的工作主要是建立连接，然后从应用层程序中接收数据并进行传输。TCP 采用虚电路连接方式进行工作，在发送数据前需要在发送方和接收方建立一个连接，数据在发送出去后，发送方会等待接收方给出一个确认性的应答，否则发送方将认为此数据丢失，并重新发送此数据。

图6.2 段的传输

6.3.1 TCP 报文段的首部格式

TCP 段头总长最小为 20 个字节，其段头结构如图 6.3 所示。

| 0   4   10   16   31 |

源端口		目的端口
序列号		
确认号		
TCP 偏移量	保留	标志	窗口
校验和		紧急指针
选项（可变）		
数据（可变）		

图6.3 TCP段头结构

（1）源端口和目的端口：指定发送端和接收端的端口。

（2）序列号：指明段在即将传输的段序列中的位置。

（3）确认号：规定成功收到段的序列号，确认号包含发送确认的一端所期望收到的下一个序列号。

（4）TCP 偏移量：指定段头的长度。段头的长度还取决于段头选项字段中设置的选项。

（5）保留：指定一个保留字段，以备将来使用。

（6）标志：SYN、ACK、PSH、RST、URG、FIN。

① SYN：表示同步。

② ACK：表示确认。

③ PSH：表示尽快将数据送往接收进程。

④ RST：表示复位连接。

⑤ URG：表示紧急指针字段是否有效。

⑥ FIN：表示发送方完成数据发送。

（7）窗口：指定发送端能传输的下一段数据量大小的指令。

（8）校验和：校验和包含 TCP 段头和数据部分，用来校验段头和数据部分的可靠性。

（9）紧急指针：指明段中包含紧急信息，只有当 URG 标志置 1 时紧急指针才有效。

（10）选项：指定公认的段大小、时间戳、选项字段的末端，以及指定选项字段的边界选项。TCP 只规定了一种选项，即最大段长度（Maximum Segment Size，MSS）。MSS 告诉对方 TCP "我的缓存所能接收的段的数据字段的最大长度是 MSS 个字节"，当没有使用选项时，TCP 的首部长度是 20 字节。

（11）数据：可变长度，包含应用层数据。

6.3.2　建立连接

建立连接听起来容易，但实际上非常麻烦。初看起来，一个传输实体似乎只需向目的机器发送一个连接请求，并等待对方接收连接的应答就足够了，但当网络可能丢失、存储和出现重复分组时，问题就来了。

设想一个网络，它十分拥塞，确认根本不能及时返回时，每个分组由于在规定时间内得不到确认而需要重发 2 次或 3 次，每个分组拥有不同的路由。一些分组可能会因网络内部线路拥塞，被存储在某个路由器里，需要很长一段时间才能到达。有一种可能，一个用户与银行之间建立了一条连接，并发送报文让银行将一笔巨款转到一个商户的账户上，然后便释放连接。不幸的是，此分组均被复制在网络节点上，有可能再次请求连接，将巨款再次转移。因此，为网络两端提供可靠的传输服务至关重要。

上述问题的关键是由于网络中存在着延迟的重复分组。解决的办法是可以给每个连接一个序号，在建立连接时双方要商定初始序号。TCP 每次发送的段的首部中序号字段数值，表示该段中数据部分的第一个字节的序号。

TCP 的确认号表示接收端期望下次收到的数据中的第一个数据字节序列号，即收到的最后一个字节号加 1。

TCP 传输的可靠是由于使用了序列号和确认号。当 TCP 发送一个段时，它同时也在自己的重传队列中存放一个副本，若收到确认信息，则删除此副本，若在计时器时间到之前还未收到确认信息，则重传此报文的副本。

由于 TCP 连接能提供全双工通信，因此通信中的每一方都不必专门发送确认段，而可以在传送数据时顺便把确认信息捎带传送，以提高效率。

TCP 的连接建立采用客户-服务器方式。服务器端运行服务器进程，使服务器端被动打开，处于"侦听"状态，TCP 准备接收客户进程的请求。客户端运行客户端进程，使 TCP 主动打开，准备向某个 IP 地址的某个端口建立连接。整个连接过程分 3 次发收，叫作"三次握手"，如图 6.4 所示。

图6.4　三次握手建立连接

第一次握手:客户端的 TCP 向服务器端的 TCP 发出连接请求段,其首部中的同步位 SYN 应置"1",同时选定序列号 x,即 SEQ=x,表明在后续传送的数据第一个数据字节的序列号是 x。

第二次握手:服务器端的 TCP 收到连接请求段后,如同意,则发回确认信息,同步位 SYN 置"1",其确认号为 $x+1$,即 ACK=$x+1$,同时也为自己选择一个序列号 y。

第三次握手:客户端收到此段后,还要向服务器端给出确认信息,其确认号为 $y+1$,即 ACK=$y+1$。

客户端的 TCP 通知上层应用进程,连接已经建立。服务器端收到确认信息后,也通知上层应用进程,连接已经建立。

6.3.3　释放连接

连接的释放要比建立容易些。在实际应用中,人们在解决释放连接问题时往往采用"四次握手",在数据传输结束后,通信的双方都可以发出释放连接的请求,如图 6.5 所示。

图6.5　释放连接的四次握手

例如,客户端的应用进程先向其 TCP 发出连接释放请求,并且不再发送数据。TCP 通知对方要释放从客户端到服务器端方向的连接。

第一次握手:将发往服务器端的段首部终止位 FIN 置"1",其序列号 x 等于前面已传送过的数据的最后一个字节的序列号加 1。

第二次握手:服务器端的 TCP 收到释放连接通知后即发出确认信息,其确认号为 $x+1$,同时通知高层应用进程。这样,从客户端到服务器端的连接就释放了,连接处于半关闭状态,客户端仍可接收数据。

第三次握手:在服务器端向客户端发送信息结束后,其应用进程就通知 TCP 释放连接,服务器端发出的连接释放段必须将终止位 FIN 置"1",并使其序列号 y 等于前面已传送过的数据的最后一个字节的序列号加 1,还必须重复上次发送过的 ACK=$x+1$。

第四次握手:客户端必须对收到的段发出确认信息,给出 ACK=$y+1$,从而释放服务器端方向的连接。

客户端的 TCP 再向其应用进程报告,整个连接已经全部释放。

6.3.4　滑动窗口

为了提高段的传输效率,TCP 采用大小可变的滑动窗口进行流量控制。窗口大小的单位是字节。在 TCP 段首部的窗口字段写入的数值就是当前给对方设置的发送窗口数值的上限。发送窗口值在连接建立时由双方商定。但在通信的过程中，接收端可根据自己的资源情况随时动态地调整对方的发送窗口上限值。

下面通过例子说明利用可变窗口进行流量控制，如图 6.6 所示。

假设发送端和接收端双方确定的窗口值是 400 字节，而每一段的长为 100 字节，序列号的初始值为 1。

因为窗口值是 400 字节，发送端发送序列号为 1 的段包含的 100 字节后，还能再发送以序列号 101 开始的下一个段，因为距离 400 字节的窗口还有 300 字节的距离，依次发送。

在发送到序列号为 201 开始的段时，接到接收端发来的应答，ACK=201，窗口 WIN=300，即接收端希望收到的下一段开始序列号为 201，说明上一发送段已丢失，并调整窗口为 300 字节。发送端依此窗口发送并重发因超时而丢失的以 201 开始的段。

发送端收到接收端的应答，ACK=501，窗口 WIN=200，即接收端希望收到的下一段开始序列号为 501，并调整窗口为 200 字节。

发送端发送以 501 开始的段后收到接收端的应答，ACK=601，窗口 WIN=0，即接收端希望收到的下一段开始序列号为 601，并调整窗口为 0 字节，说明不允许发送端再发送，数据已接收完成。

图6.6　利用可变窗口进行流量控制

6.3.5　流量控制与拥塞控制

1. 流量控制

流量控制可以保证数据的完整性，可以防止发送方将接收方的缓冲区溢出。

当接收方在接到一个很大或速度很快的数据时，它把来不及处理的数据先放到缓冲区里，之后进行处理。缓冲区只能缓存少量的数据，如果数据很多，那么后来的数据将会丢失。使用流量控制，接收方不是让缓冲区溢出，而是发送一个信息给发送方："我没有准备好，停止发送。"这时，发送方就会停止发送。当接收方能再接收数据时，就会再发送一个信息："我准备好了，请继续发送。"那么发送方就会继续发送数据。

面向连接的通信会话要做到以下几点。

（1）根据所传送数据段的接收情况，对发送方发送确认信息。

（2）重传没有收到确认信息的数据段。

（3）对数据段进行排序，得到正确的数据。

（4）维持可管理的数据流量，避免拥塞、超载和数据丢失。

2. 拥塞控制

拥塞控制与流量控制有密切关系，区别在于，拥塞控制可以使网络能够承受现有的网络负荷，是一个全局变量；而流量控制往往只是指点对点之间对通信量的控制。

6.4 用户数据报协议

用户数据报协议（UDP）只提供一种基本的、低延迟的被称为数据报的通信。在 TCP/IP 体系结构中，采用 UDP 传输的协议数据单元称为 UDP 报文或用户数据报。

所谓数据报，就是一种自带寻址信息，从发送端到接收端的数据集。UDP 经常用于路由表数据的交换、转发和系统信息、网络监控数据等的交换。UDP 没有 TCP 那样的基于数据报的三次握手，因此 UDP 没有 TCP 那样丰富的头信息，以实现诸多功能。

6.4.1 UDP 的首部格式

UDP 首部共有两个字段：首部字段和数据字段。首部字段很简单，只有 8 个字节，如图 6.7 所示。

（1）源端口：源端口号。

（2）目的端口：目的端口号。

（3）长度：信息长度，用来告诉接收端信息的大小。

（4）校验和：用于接收端判断信息是否有效。

图6.7　UDP的首部字段格式

由于 UDP 比较简单，所以 UDP 连接不会像 TCP 连接那样可靠，它只负责尽力地转发数据报，但不会把错误的数据报重新发送，它会丢弃所有被破坏或者损坏的数据报，并且继续后面的传送，至于被丢弃的部分，发送端不知道，也不会被接收端要求重新发送。除此之外，UDP 不具备把乱序到达的数据报重新排列的功能（因为没有 TCP 头中包含的 TCP 序列号），这样一来，UDP 便是完全不可靠的，因为根本就无法保证所收到的数据是完整的。但是，UDP 的不可靠并不代表 UDP 是毫无用处的，恰恰相反，没有和 TCP 一样的复杂头信息，各种设备处理 UDP 数据报的时间将会大大缩短，效率比 TCP 的要高得多。由于 UDP 处理的高效性，UDP 往往被用于那些数据报不断出现的应用，例如 IP 电话或者实时视频会议，如表 6.2 所示。

表 6.2　基于 TCP 与 UDP 的常用的应用

应用	应用层协议	传输层协议	应用	应用层协议	传输层协议
网络管理	SNMP	UDP	电子邮件	SMTP	TCP
远程文件服务	NFS	UDP	远程终端接入	Telnet	TCP
IP 电话	专用协议	UDP	超文本传输	HTTP	TCP
流媒体通信	专用协议	UDP	文件传输	FTP	TCP

6.4.2　UDP 和 TCP 的区别

UDP 和 TCP 在如何实现信息的可靠传送方面不同。TCP 中包含专门的传送保证机制，当接收方收到发送方传来的信息时，会自动向发送方发出确认信息；发送方只有在接收到该确认信息之后才继续传送其他信息，否则将一直等待直到收到确认信息为止。

与 TCP 不同，UDP 并不提供数据传送的保证机制。如果在从发送方到接收方的传送过程中出现数据报的丢失，协议本身并不能做出任何检测或提示。因此，通常人们把 UDP 称为不可靠的传输协议。所以此协议常用于小信息量的通信和小文件传输，如 QQ 软件就是一例。

相对于 TCP，UDP 的另外一个不同之处在于如何接收突发性的多个数据报。不同于 TCP，UDP 并不能确保数据的发送和接收顺序。例如，一个位于客户端的应用程序向服务器发出了以下 4 个数据报：D1、D22、D333、D4444；但是 UDP 有可能按照以下顺序将所接收的数据提交到服务端的应用：D333、D1、D4444、D22。事实上，UDP 的这种乱序性基本上很少出现，通常只会在网络非常拥挤的情况下才有可能出现。

6.4.3　UDP 的应用

既然 UDP 是一种不可靠的传输协议，那么还有使用的价值或必要呢？其实不然，在有些情况下，UDP 可能会变得非常有用。因为 UDP 具有 TCP 所望尘莫及的速度优势。虽然 TCP 中植入了各种安全保障功能，但是在实际执行的过程中会占用大量的系统开销，无疑使速度受到严重的影响。反观 UDP 由于排除了信息可靠传送机制，将安全和排序等功能移交给上层应用来完成，极大地降低了执行时间，使速度得到了保证。

关于 UDP 的最早规范是 RFC 768，于 1980 年发布。尽管时间已经很长，但是 UDP 仍然继续在主流应用中发挥着作用，包括视频电话会议系统在内的许多应用都证明了 UDP 的存在价值。因为相对于可靠性来说，这些应用更加注重实际性能，所以为了获得更好的使用效果（例如，更高的画面帧刷新速率）往往可以牺牲一定的可靠性（例如，画面质量）。这就是 UDP 和 TCP 两个协议的权衡之处。根据不同的环境和特点，两个传输协议都将在今后的网络世界中发挥更加重要的作用。

本章小结

传输层是 OSI 参考模型中的第四层，它为上一层提供了端到端的可靠的信息传送。物理层可以在各链路上透明地传输比特流。数据链路层则增强了物理层所提供的服务，它使得相邻节点所构成的链路能够传输无差错的帧。网络层又在数据链路层的基础上，提供路由选择、网络互联的功能。而对用户进程来说，希望得到的是端到端的服务。因此传输层的主要功能有连接管理、流量控制、差错检测、对用户请求的响应。

传输服务也有两种类型，一种是面向连接的服务，另一种是无连接的服务。TCP 提供面向连接的服务，UDP 提供无连接的服务。

端口有两种，熟知端口和动态端口，传输层通过端口号来区分应用层的服务。

TCP 提供的是面向连接的、全双工的、可靠的传输服务。采用 TCP 传输的协议数据单元叫作段。TCP 在建立连接时采用三次握手，释放连接时采用四次握手。TCP 通过可变窗口大小进行流量控制。

UDP 提供一种基本的、低延迟的被称为数据报的通信。采用 UDP 传输的协议数据单元称为 UDP 报文或用户数据报。UDP 的延迟使它具有 TCP 不可替代的优点。

实训　传输层协议的应用

1. 实训目的
（1）查看并分析当前计算机传输层 TCP、UDP 的协议和打开的端口情况。
（2）判断计算机网络当前工作状态是否异常。

2. 实训环境
局域网工作情况下的计算机。

3. 实训内容
（1）引例

现在内部网络越来越容易受到木马病毒的威胁，用户使用网络时，如果发现机器工作很不正常，速度明显变慢，那么对此类状况要特别关注并查看该机器是否中了木马病毒。

当用户上网时就开启了本机和其他机器传递数据的过程，要传递数据必须用到端口，当前最为常见的木马病毒通常是基于 TCP、UDP 进行客户端与服务器端之间的通信，既然利用到这两个协议，就不可避免要在服务器端（就是被中了木马病毒的计算机）打开监听端口来等待连接。即使是非常高明的木马病毒，利用正常的端口传送数据也不是没有痕迹的，那么，可以利用查看本机开放端口的方法来检查本机是否被中了木马病毒或其他黑客程序。即通过查看其端口情况，以便采取措施。

（2）查看端口

查看端口有两种方式：一种是利用系统内置的命令"netstat-na"，可以列出系统正在开放的端口号及其状态；另一种是利用第三方端口扫描软件。

示例操作如下。

在命令提示符窗口执行"netstat–na"。

```
C:\>netstat-na
Active Connections
```

```
Proto      Local Address          Foreign Address      State
TCP        0.0.0.0:135            0.0.0.0:0            LISTENING
TCP        0.0.0.0:445            0.0.0.0:0            LISTENING
TCP        192.168.133.149:139    0.0.0.0:0            LISTENING
UDP        0.0.0.0:445            *:*
UDP        0.0.0.0:500            *:*
UDP        0.0.0.0:1026           *:*
UDP        0.0.0.0:1028           *:*
```

　　显示的信息内容就是打开的服务端口。其中，Proto 代表协议，有 TCP 和 UDP 两种协议。Local Address 代表本机地址，该地址冒号后的数字就是开放的端口号。Foreign Address 代表远程地址，如果和其他机器正在通信，显示的就是对方的地址。State 代表状态，显示 LISTENING 表示处于侦听状态，也就是说该端口是开放的，等待连接，但还没有被连接，就像房子的门已经敞开了，但此时还没有人进来。

　　TCP　0.0.0.0:135　0.0.0.0:0　LISTENING 这一行的意思是本机的 135 端口正在等待连接。

　　说明：只有 TCP 的服务端口才能处于 LISTENING 状态。

4. 实训思考

　　(1)通过查看了解：本机开了哪些端口，也就是可以进入本机的"门"有几个？都是谁开的？

　　(2)目前本机的端口处于什么状态，是等待连接还是已经连接？连接是正常连接还是非正常连接（木马病毒等）？

　　(3)目前本机是不是正在和其他计算机交换数据，是正常的程序访问还是访问到一个陷阱？

习　题

1. 判断题

　　(1)UDP 支持广播发送数据。(　　　)

　　(2)UDP 属于应用层协议。(　　　)

　　(3)TCP/IP 的传输层协议不能提供无连接的服务。(　　　)

　　(4)传输层用通信端口号来标识主机间通信的应用进程。(　　　)

　　(5)传输层的目的是在任意两台主机上的应用进程之间进行可靠数据传输。(　　　)

2. 单选题

　　(1)能保证数据端到端可靠传输能力的是相应 OSI 参考模型中的 (　　　)。

　　　　A. 网络层　　　　　　B. 传输层　　　　　　C. 会话层　　　　　　D. 表示层

　　(2)TCP 和 UDP 的共同之处是 (　　　)。

　　　　A. 面向连接的协议　　　　　　　　　　B. 面向非连接的协议

　　　　C. 传输层协议　　　　　　　　　　　　D. 以上均不对

　　(3)小于 (　　　) 的 TCP/UDP 端口号已保留，与现有服务一一对应，此数字以上的端口号可自由分配。

　　　　A. 199　　　　　　　　B. 100　　　　　C. 1024　　　　　　D. 2048

（4）TCP 建立连接过程需（　　　　）。

　　　　A. 两次握手　　　　B. 三次握手　　　C. 四次握手　　　　D. 五次握手

（5）TCP 释放连接过程需（　　　　）。

　　　　A. 两次握手　　　　B. 三次握手　　　C. 四次握手　　　　D. 五次握手

（6）对 UDP 数据报描述不正确的是（　　　　）。

　　　　A. 是无连接的　　　B. 是不可靠的　　　C. 不提供确认信息 D. 提供消息反馈

（7）TCP 是 TCP/IP 中的一个协议，它提供的服务是（　　　　）。

　　　　A. 面向连接的报文通信　　　　　　　　B. 面向连接的字节流通信

　　　　C. 不可靠的　　　　　　　　　　　　　D. 无连接的

（8）滑动窗口的作用是（　　　　）。

　　　　A. 流量控制　　　　B. 拥塞控制　　　C. 路由控制　　　　D. 差错控制

3. 多选题

（1）TCP/IP 的传输层协议具有的功能包括（　　　　）。

　　　　A. 提供面向连接的服务　　　　　　　　B. 提供无连接的服务

　　　　C. 提供流量控制机制　　　　　　　　　D. 提供差错控制机制

（2）对于网络拥塞控制描述正确的有（　　　　）。

　　　　A. 拥塞控制主要用于保证网络传输数据通畅，是一种全局性的控制措施

　　　　B. 拥塞控制涉及网络中所有与之相关的主机和路由器的发送和转发行为

　　　　C. 拥塞控制涉及网络中端到端主机的发送和接收数据的行为

　　　　D. 拥塞控制和流量控制没有任何区别

（3）在 OSI 参考模型中，对于传输层描述正确的有（　　　　）。

　　　　A. 为系统之间提供面向连接的和无连接的数据传输服务

　　　　B. 提供路由选择、简单的拥塞控制

　　　　C. 为传输数据选择数据链路层所提供的最合适的服务

　　　　D. 提供端到端的差错恢复和流量控制，实现可靠的数据传输

第 **7** 章

网络操作系统中常用服务器的配置与管理

知识目标
- 认识并领会 Internet 常用服务器的概念
- 了解 Internet 常用服务器的原理与作用

技能目标
- 学会安装和配置常用服务器
- 能够维护和使用常用服务器

素质目标
- 善于探索、总结事物之间的逻辑关系
- 培养解决实际问题的能力

本章主要介绍 Windows Server 网络操作系统中常用服务器 DNS、DHCP、IIS、FTP 的概念、原理、安装、配置与管理等。

7.1 DNS 服务器

DNS 作为在万维网上将域名和 IP 地址相互映射的一个分布式数据库，能够帮助用户更方便地使用域名访问互联网。

7.1.1 什么是 DNS

Internet 上计算机之间的 TCP/IP 通信是通过 IP 地址来进行的，因此，Internet 上的计算机都应有一个 IP 地址作为它们的唯一标识。DNS 就是用于注册计算机名及

微课视频

其 IP 地址的。DNS 是在 Internet 环境下研制和开发的，目的是使任何地方的主机都可以通过比较友好的计算机名字而不是它的 IP 地址来找到另一台计算机。DNS 是一种不断发展的服务，该服务是通过 IETF 的草案和 RFC 文件的建议不断升级的。

不要混淆 DNS 服务器和 DNS。DNS 服务器只是 DNS 中的工具，通过它们不停地工作来实现 DNS 的功能。

早在美国国防部为试验目的搭建小型 Internet 模型的时候，DNS 就已出现。通过一台中央服务器上的一个 HOSTS 文件来管理网络中的主机名。哪台机器需要解析网络中的主机名，它就要把这个文件下载到本地。

随着 Internet 上主机数目的不断增加，HOSTS 文件的大小也随之变大，这将大大影响主机名解析的效率。人们越来越觉得以前的系统无法满足需求，需要一套新的主机名解析系统来提供扩展性能好、分布式管理和支持多种数据类型等功能。于是 DNS 在 1984 年应运而生。使用 DNS 可使存储在数据库中的主机名数据分布在不同的服务器上，从而减少任何一台服务器的负载，并且提供以区域为基础的对主机名系统的分布式管理功能。

DNS 支持名字继承，而且除了支持 HOSTS 文件中的主机名到 IP 地址的映射数据，DNS 还能注册其他不同类型的数据。由于是分布式的数据库，它的大小是无限的，而且它的性能不会因为增加更多的服务器而受到影响。最早的 DNS 是建立在 RFC 882 和 RFC 883 国际标准上的，现在则由国际标准 RFC 1034 和 RFC 1035 来代替。

1. 主机名和 IP 地址

DNS 的数据文件中存储着主机名和与之相匹配的 IP 地址。从某种意义上说，DNS 类似于存储用户名及与此相匹配的电话号码的服务系统。

虽然除了主机名和 IP 地址，DNS 还记录了一些其他的信息，并且 DNS 本身也有一些较复杂的问题要讨论，但 DNS 最主要的用途和最重要的价值是，通过它可以由主机名找到与之匹配的 IP 地址，并且在需要时输出相应的信息。

2. 主机名的注册

主机名和 IP 地址必须注册。注册就是将主机名和 IP 地址记录在一个列表或者目录中。注册的方法可以是人工的或者自动的、静态的或者动态的。过去的 DNS 服务器都是通过人工的方法来进行原始的主机注册，也就是说，主机在 DNS 列表中的注册是要由人工通过键盘输入的。

最近的趋势是动态的主机注册。动态的主机注册是由 DHCP 服务器触发完成的，或者直接由具有动态 DNS 更新功能的主机完成。除非使用动态 DNS，DNS 注册通常是人工的和静态的。Windows Server 2008 中就提供了动态 DNS 的功能。当主机的信息有所变化时，主机记录的更新通常由人工来完成。图 7.1 所示为若干主机在 DNS 服务器中的注册。在 DNS 服务器中，最主要的信息只是主机名和 IP 地址。

3. 主机名的解析

只要进行了注册，主机名就可以被解析。解析是一个由客户端主导的过程，目的是查找已注册的主机名或者服务器名，以便得到相应的 IP 地址。客户端得到了目标主机的 IP 地址后，就可以直接在本地网上通信，或者通过一个或几个路由器在远程网上通信。

图7.1　主机名的注册

　　显然，一个 DNS 服务器可以有许多已注册的主机。解析注册在同一台 DNS 服务器上的其他主机名应该是比较快的。一个具有上千台主机的企业只需要少数几台 DNS 服务器。图 7.2 所示为 DNS 客户机解析另一个在同一台 DNS 服务器注册的主机名的过程。

图7.2　主机名的解析

4. 主机名的分布

　　并不是一台单独的 DNS 服务器就包含全世界的主机名，这是不可能的。如果存在这样的主 DNS 服务器，客户机和这台服务器的距离就太遥远了。同时也很难想象这样一台为整个 Internet 服务的 DNS 服务器需要多大能力和带宽。另外，如果这台主 DNS 服务器停机，遍布全球的 Internet 将瘫痪！与这种设想相反，主机名分布于许多 DNS 服务器之中。主机名的分布解决了仅可用一台 DNS 服务器的问题，但这又出现了另一个问题：客户机如何得知向哪一台 DNS 服务器查询。DNS 通过使用自顶向下的域名树来解决这个问题，每一台主机是树中某一个分支的叶子，而每个分支具有一个域名。每一台主机都和一个域相关联。那究竟总共需要多少 DNS 服务器呢？尽管实际的数字是不可知的，并且根据具体情况而变化，但从理论上来说，域名树的每一个分支需要一台 DNS 服务器。图 7.3 所示为域名树中主机名的分布。

图7.3　主机名的分布

5. 域名空间结构

（1）根域：位于层次结构的最高端是域名树的根，提供根域名服务，以"."来表示。

（2）顶级域：顶级域位于根域之下，数目有限且不能轻易变动。

（3）子域：在 DNS 域名空间中，除了根域和顶级域，其他的域都称为子域，子域是有上级域的域，一个域可以有许多子域。

（4）主机：在域名层次结构中，主机可以存在于根以下各层上。

Internet DNS 是由 Internet 上的域名注册机构来管理的，它们负责管理向组织和国家开放的顶级域名，这些域名遵循 3166 国际标准。表 7.1 列出了现有的组织顶级域名和国家/地区顶级域名的缩写。

表7.1　顶级域名的缩写

DNS 顶级域名	组织类型
com	商业公司
edu	教育部门
org	非营利机构
net	网络中心

续表

DNS 顶级域名	组织类型
gov	政府组织
mil	军事机构
num	电话号码簿
arpa	反向 DNS
其他的国家/地区代码	代表其他国家/地区的代码，如 cn 表示中国

在 DNS 域名空间中，子域是相对而言的。如 www.ahdy.edu.cn 中，ahdy.edu 是 cn 的子域，ahdy 是 edu.cn 的子域。表 7.2 给出了域名层次结构中的若干层。

表 7.2　域名层次结构中的若干层

域名	域名层次结构中的位置
.	根是唯一没有名称的域（可省略不写）
.cn	顶级域名称，中国子域
.edu.cn	二级域名称，中国的教育部门
.ahdy.edu.cn	子域名称，教育网中的安徽电子信息职业技术学院

7.1.2　安装 DNS 服务器

默认情况下，Windows Server 系统中没有安装 DNS 服务器。在部署 DNS 服务器前，首先要设置 DNS 服务器的 TCP/IP 属性，手动指定 IP 地址、子网掩码、默认网关和 DNS 地址等。

1．安装 DNS 服务器的步骤

安装 DNS 服务器的步骤如下。

单击"开始"→"管理工具"→"服务器管理器"命令，打开图 7.4 所示窗口，单击窗口右侧"添加角色和功能"选项，启动添加角色和功能向导，单击"下一步"按钮，打开图 7.5 所示的"选择服务器角色"界面，在"角色"列表框中，勾选"DNS 服务器"复选框。在打开的向导中依次单击"下一步"按钮，如图 7.6 所示，并单击"安装"按钮开始安装 DNS服务器，最后单击"关闭"按钮，完成 DNS 服务器的安装，如图 7.7 所示。

图7.4　"服务器管理器"窗口

图7.5　"选择服务器角色"界面

图7.6　"DNS服务器"界面

图7.7　DNS服务器安装完成

2. 创建正向查找区域

正向查找区域用于通过域名查询 IP 地址。在 DNS 服务器上创建正向查找区域"abc.edu.cn"，具体步骤如下。

（1）单击"开始"→"管理工具"→"DNS"，打开"DNS 管理器"控制台，展开 DNS 目录树，如图 7.8 所示。右击"正向查找区域"选项，在弹出的快捷菜单中选择"新建区域"，打开"新建区域向导"对话框。

图7.8　"DNS管理器"控制台

（2）进入图 7.9 所示的"区域类型"界面，选择要创建的区域类型，有"主要区域""辅助区域""存根区域"3 种。若要创建新的区域，应当选中"主要区域"单选按钮。

图7.9　"区域类型"界面

（3）单击"下一步"按钮，在"区域名称"文本框中输入一个能反映单位信息的区域名称（如 abc.edu.cn），如图 7.10 所示。

图7.10　填写区域名称

（4）单击"下一步"按钮，在"区域文件"界面中，系统根据区域名称默认填入了一个文件名。该文件是一个 ASCII 文本文件，其中保存了该区域的信息，默认情况下保存在"%SystemRoot%\system32\dns"文件夹中，如图 7.11 所示。保持默认设置不变，单击"下一步"按钮。

图7.11　"区域文件"界面

（5）在"动态更新"界面中，指定该 DNS 区域能够接受的注册信息更新类型。允许动态更新可以让系统自动地在 DNS 中注册有关信息，在实际应用中比较有用。这里选中"不允许动态更新"单选按钮，如图 7.12 所示。

图7.12　"动态更新"界面

（6）单击"下一步"按钮，显示新建区域摘要，如图 7.13 所示。单击"完成"按钮，完成正向查找区域的创建。

图7.13　完成配置

3. 创建反向查找区域

反向查找区域用于通过 IP 地址查询域名。在 DNS 服务器上创建反向查找区域的具体步骤如下。

（1）在"DNS 管理器"控制台中，右击"反向查找区域"选项，在弹出的快捷菜单中选择"新建区域"，如图 7.14 所示。在打开的对话框中选中"主要区域"单选按钮，如图 7.15 所示。

图7.14 新建反向查找区域

图7.15 选择区域类型

（2）单击"下一步"按钮，在"反向查找区域名称"界面中，选中"IPv4 反向查找区域"单选按钮，如图 7.16 所示。

图7.16　选中"IPv4反向查找区域"单选按钮

（3）单击"下一步"按钮，在图 7.17 所示的界面中输入网络 ID 或者反向查找区域名称。本例中输入网络 ID 后，反向查找区域名称根据网络 ID 自动生成。例如，输入的网络 ID 为192.168.1.0（最后一位不可编辑），反向查找区域名称自动生成 1.168.192.in-addr.arpa。

图7.17　设置反向查找区域名称

（4）单击"下一步"按钮，在"区域文件"界面中，系统会自动在区域名称后加 .dns 作为文件名，用户可以修改区域文件名，也可以使用一个已有文件，如图 7.18 所示。

图7.18　"区域文件"界面

（5）单击"下一步"按钮，在"动态更新"界面中，选中"不允许动态更新"单选按钮，如图 7.19 所示。

图7.19　"动态更新"界面

（6）单击"下一步"按钮，显示新建区域摘要，如图 7.20 所示。单击"完成"按钮，完成反向查找区域的创建，如图 7.21 所示。

图7.20　新建区域摘要

图7.21　完成反向查找区域的创建

7.1.3　创建资源记录

DNS 需要根据区域中的资源记录提供该区域的名称解析，因此，在创建区域完成后，需要在区域中创建所需的资源记录。

1. 创建主机

下面创建一个用以访问站点的域名 www.abc.edu.cn 主机，具体步骤如下。

（1）以管理员账户登录 Windows Server，单击"开始"→"管理工具"→"DNS"命令，打开"DNS 管理器"控制台。在左侧 DNS 目录树中选择要创建资源记录的正向查找区域"abc.edu.cn"，然后右击"abc.edu.cn"，或在右侧空白处右击，选择快捷菜单中的"新建主机(A 或 AAAA)"，如图 7.22 所示。

图7.22　"DNS管理器"控制台

（2）打开"新建主机"对话框，在"名称（如果为空则使用其父域名称）"文本框中输入一个能代表该主机所提供服务的名称（本例输入"www"），在"IP 地址"文本框中输入该主机的 IP 地址（本例输入"192.168.1.100"），显示完全限定的域名（www.abc.edu.cn.），如图 7.23 所示。单击"添加主机"按钮，系统会提示已经成功创建了主机。

图7.23　"新建主机"对话框

2. 创建指针资源记录

指针（Pointer Record，PTR）资源记录的作用是反向查找区域内的 IP 地址及主机，把 IP 地址映射成主机域名。

创建指针资源记录的主要步骤如下。

在 DNS 目录树中右击已创建的反向查找区域节点，选择"新建指针"命令，在"新建资源记录"对话框中，输入主机 IP 地址（192.168.1.100）和主机名（www.abc.edu.cn），显示完全限定的域名（100.1.168.192.in-addr.arpa），如图 7.24 所示，最后单击"确定"按钮即可。

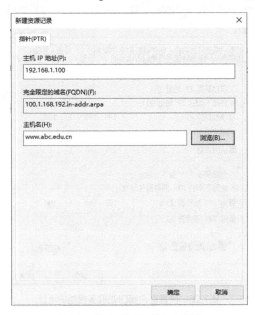

图7.24　"新建资源记录"对话框

指针资源记录创建完成后，在"DNS 管理器"控制台（见图 7.25）和区域数据库文件中均可以看到。

图7.25　在"DNS管理器"控制台中查看反向查找区域中的记录

7.1.4　设置 DNS 客户端

尽管 DNS 服务器已经创建成功，并且创建了合适的域名，但在客户机的浏览器中却无法使用 www.abc.edu.cn 这样的域名访问网站。这是由于虽然已经创建了 DNS 服务器，但客户机并不知道 DNS 服务器在哪里，因此不能识别用户输入的域名。用户必须手动设置 DNS 服务器的 IP 地址。可在客户机"Internet 协议版本 4(TCP/IPv4)属性"对话框中的"首选 DNS 服务器"文本框中输入刚刚部署的 DNS 服务器的 IP 地址，如图 7.26 所示。

图7.26　设置客户端DNS服务器的IP地址

7.2　DHCP 服务器

DHCP 能够帮助用户或网络管理员集中管理和自动分配 IP 地址。

7.2.1　DHCP 概述

1. DHCP 的基本概念

DHCP 是一个简化主机 IP 地址分配管理的 TCP/IP 标准协议。用户可以利用 DHCP 服务器管理动态的 IP 地址分配及进行其他相关的环境配置工作（如 DNS、WINS、Gateway 的设置）。

要使用 DHCP 方式动态分配 IP 地址，整个网络必须至少有一台安装了 DHCP 服务的服务器。其他要使用 DHCP 功能的客户端也必须要有支持自动向 DHCP 服务器索取 IP 地址的功能。当 DHCP 客户端第一次启动时，它就会自动与 DHCP 服务器通信，并由 DHCP 服务器分配给 DHCP 客户端一个 IP 地址，直到租约到期（并非每次关机才释放租约），这个地址就会被 DHCP 服务器收回，并将其提供给其他的 DHCP 客户端使用。

与手动分配 IP 地址相比，DHCP 动态进行 TCP/IP 的配置主要有以下优点。

（1）安全而可靠。DHCP 可避免因手动设置 IP 地址及子网掩码所产生的错误，同时能避免把一个 IP 地址分配给多台工作站所造成的地址冲突。

（2）可降低管理 IP 地址设置的负担。使用 DHCP 服务器可大大缩短配置或重新配置网络中工作站所花费的时间，同时通过对 DHCP 服务器的设置可灵活地设置地址的租约。

（3）DHCP 地址租约的更新过程将有助于用户确定哪个客户的设置需要经常更新（如使用便携机的客户经常更换地点），且这些变更由客户端与 DHCP 服务器自动完成，无须网络管理员干涉。

DHCP 服务器使用租约生成过程在指定时间段内为客户端分配 IP 地址。IP 地址的租用通常是临时的，所以 DHCP 客户端必须定期向 DHCP 服务器更新租约。DHCP 租约生成和更新是 DHCP 的两个主要工作过程。

2. DHCP 租约生成过程

当 DHCP 客户端第一次登录网络时，通过 DHCPDISCOVER(IP 租约发现)、DHCPOFFER（IP 租约提供）、DHCPREQUEST（IP 租约请求）和 DHCPACK（IP 租约确认）4 个步骤向 DHCP 服务器租用 IP 地址，如图 7.27 所示。

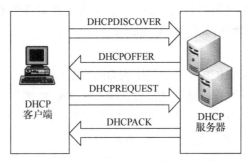

图7.27　DHCP租约生成过程

租约生成过程开始于 DHCP 客户端第一次启动或初始化 TCP/IP 时，另外当 DHCP 客户端续订租约失败，终止使用其租约时（如 DHCP 客户端移动到另一个网络时），也会产生这个过程。此过程如下。

（1）IP 租约发现

DHCP 客户端在本地子网中先发送一条 DHCPDISCOVER 消息。此时 DHCP 客户端还没有 IP 地址，所以它使用 0.0.0.0 作为源地址。由于 DHCP 客户端不知道 DHCP 服务器地址，它使用 255.255.255.255 作为目标地址，也就是以广播的形式发送此消息。此消息中还包括客户端网卡的 MAC 地址和计算机名，以表明申请 IP 地址客户机的身份。

（2）IP 租约提供

在 DHCP 服务器收到 DHCP 客户端广播的 DHCPDISCOVER 消息后，如果在这个网段中有可以分配的 IP 地址，则它以广播的方式对 DHCP 客户端发送 DHCPOFFER 消息进行响应。在这个消息中包含以下信息。

① 客户端网卡的 MAC 地址。

② 提供的 IP 地址。

③ 子网掩码。

④ 租约的有效时间。

⑤ 服务器标识，即提供 IP 地址的 DHCP 服务器。

⑥ 广播地址 255.255.255.255，以其作为目标地址。

每个应答的 DHCP 服务器都会保留所提供的 IP 地址，在 DHCP 客户端进行选择之前不会分配给其他的 DHCP 客户端。DHCP 客户端会等待 1s 来接受租约，如果 1s 内没有收到任何响应，它将重新广播 4 次请求，分别以 2s、4s、8s 和 16s（随机加上一个 0～1000ms 延时）为时间间隔。如果经过 4 次广播仍没有收到提供的租约，则 DHCP 客户端会从保留的专用 IP 地址 169.254.0.1～169.254.255.254 中选择一个地址，即启用自动专用 IP 地址（Automatic Private IP Addressing，APIPA），可以让所有没有找到 DHCP 服务器的 DHCP 客户端位于同一个子网并可以相互通信。客户端每隔 5min 查找一次 DHCP 服务器。如果找到可用的 DHCP 服务器，则 DHCP 客户端可以从 DHCP 服务器上得到 IP 地址。

（3）IP 租约请求

DHCP 客户端如果收到提供的租约（如果网络中有多个 DHCP 服务器，DHCP 客户端可能会收到多个响应），则会通过广播 DHCPREQUEST 消息来响应并接受收到的第一个租约，进行 IP 租约的选择。此时之所以采用广播方式，是为了通知其他未被接受的 DHCP 服务器收回提供的 IP 地址并将其留给其他 IP 租约请求。

（4）IP 租约确认

当 DHCP 服务器收到 DHCP 客户端发出的 DHCPREQUEST 消息后，它便向 DHCP 客户端发送一个包含它所提供的 IP 地址和其他设置的 DHCPACK 消息，告诉 DHCP 客户端可以使用它所提供的 IP 地址。然后 DHCP 客户端使用这些信息来配置其 TCP/IP，并把 TCP/IP 与网络服务和网卡绑定在一起，以建立网络通信。

需要注意的是，所有 DHCP 服务器和 DHCP 客户端之间的通信都使用 UDP，端口号分别是 67 和 68。默认情况下，交换机和路由器不能正确地转发 DHCP 广播，为了使 DHCP 工作正常，用户必须配置交换机在这些端口上转发广播，对于路由器，需把它配置成 DHCP 中继代理。

3. DHCP 租约更新

当租用时间达到租约期限的一半时，DHCP 客户端会自动尝试续订租约。DHCP 客户端直接向提供租约的 DHCP 服务器发送一条 DHCPREQUEST 消息，以续订当前地址的租约。如果 DHCP 服务器是可用的，它将续订租约并向 DHCP 客户端发送一条 DHCPACK 消息，此消息包含新的租约期限和一些更新的配置参数。DHCP 客户端收到确认消息后就会更新配置。如果 DHCP 服务器不可用，则 DHCP 客户端将继续使用当前的配置参数。当租约时间达到租约期限的 7/8 时，DHCP 客户端会广播一条 DHCPDISCOVER 消息来更新 IP 地址租约。在这个阶段，DHCP 客户端会接受从任何 DHCP 服务器发出的租约。如果租约到期 DHCP 客户端仍未成功续订，则 DHCP 客户端必须立即终止使用其 IP 地址，然后 DHCP 客户端重新尝试得到一个新的 IP 地址租约。

需要注意的是，重新启动 DHCP 客户端时，DHCP 客户端自动尝试续订关闭时的 IP 地址租约。如果续订失败，DHCP 客户端将尝试连接配置的默认网关。如果默认网关响应，表明此 DHCP 客户端还在原来的网络中，这时 DHCP 客户端可以继续使用此 IP 地址至租约到期。如果不能进行续订或与默认网关无法通信，则立即停止使用此 IP 地址，从 169.254.0.1～

169.254.255.254 中选择一个 IP 地址使用，并每隔 5min 尝试连接 DHCP 服务器。

如果需要立即更新 DHCP 配置信息，用户可以手动续订 IP 地址租约。例如，新安装了一台路由器，需要用户立即更改 IP 地址配置时，可以在路由器的命令行使用 ipconfig/renew 命令来续订租约。还可以使用 ipconfig/release 命令来释放租约，释放租约后，客户端就无法再使用 TCP/IP 在网络中通信了。

7.2.2　安装与设置 DHCP 服务器

1. 安装 DHCP 服务器

（1）对 DHCP 服务器的要求

运行 Windows Server 系列操作系统的服务器都可以作为 DHCP 服务器。DHCP 服务器需要具备以下条件。

① DHCP 服务器本身需要静态 IP 地址、子网掩码和默认网关。

② 包含可分配多个 DHCP 客户端的一组合法的 IP 地址。

③ 添加并启动 DHCP 服务。

（2）对 DHCP 客户端的要求

运行以下操作系统的计算机都可作为 DHCP 客户端。

① Windows 7、Windows 10 和 Windows 11。

② Windows Server（所有发布的版本）。

③ 安装有 TCP/IP-32 的 Windows for Workgroups。

④ 支持 TCP/IP 的 Microsoft Network Client for MS-DOS。

⑤ LAN Manager。

⑥ 其他非微软操作系统和网络设备。

（3）启用 DHCP 客户端

打开"Internet 协议(TCP/IP)属性"对话框，选中"自动获得 IP 地址"，如图 7.28 所示。单击"确定"按钮，此计算机就成为 DHCP 客户端。

图7.28　设置DHCP客户端

（4）安装 DHCP 服务器的步骤

① 启动添加角色和功能向导，在"选择服务器角色"界面中勾选"DHCP 服务器"复选框，如图 7.29 所示。

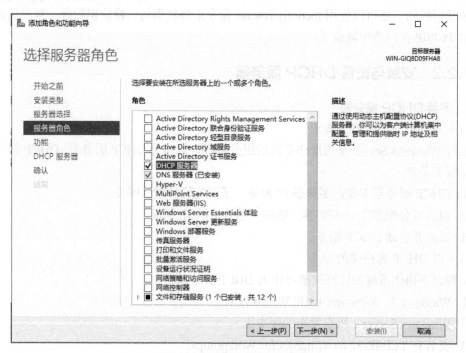

图7.29　"选择服务器角色"界面

② 单击"下一步"按钮，进入"DHCP 服务器"界面，这里对 DHCP 服务器的功能做了简要介绍，如图 7.30 所示。

图7.30　"DHCP服务器"界面

③ 单击"下一步"按钮后，单击"安装"按钮开始安装 DHCP 服务器，如图 7.31 所示，安装完毕后单击"关闭"按钮，完成 DHCP 服务器的安装。

图7.31　DHCP服务器安装完成

④ 单击"开始"→"管理工具"→"DHCP"，打开"DHCP"管理控制台，如图 7.32 所示，可以在此配置与管理 DHCP 服务器。

图7.32　"DHCP"管理控制台

⑤ 右击"win-server"，在弹出的快捷菜单中选择"添加/删除绑定"，选择向客户端提供服务的网络连接，如图 7.33、图 7.34 所示。

图7.33　DHCP选择绑定

图7.34　服务器绑定属性

2. 授权 DHCP 服务器

Windows Server 为使用活动目录网络提供了集成的安全性，在使用活动目录网络中 DHCP 服务器提供动态分配 IP 地址之前，必须对其进行授权。通过授权能够防止未授权的 DHCP 服务器向客户端提供可能无效的 IP 地址而造成的 IP 地址冲突。在工作组环境中，DHCP 服务器不需要经过授权。

（1）检测未授权的 DHCP 服务器

当 DHCP 服务器启动时，DHCP 服务器会向网络发送 DHCPINFORM 广播消息。其他 DHCP 服务器收到该消息后将返回 DHCPACK 消息，并提供自己所属的域。DHCP 服务器将查看自己是否属于这个域，并验证是否在该域的服务器授权列表中。如果该服务器发现自己不能连接到目录或发现自己不在授权列表中，它将认为自己没有被授权，那么 DHCP 服务器启动但会在系统日志中记录一条错误信息，并忽略所有客户端请求。如果发现自己在授权列表中，那么 DHCP 服务器启动并开始向网络中的计算机提供 IP 地址租用。

需要注意的是，DHCP 服务器会每隔 5min 广播一条 DHCPINFORM 消息，检测网络中是否有其他的 DHCP 服务器，这种重复的消息广播使服务器能够确定对其授权状态的更改。

（2）授权 DHCP 服务器

所有作为 DHCP 服务器运行的计算机必须是域控制器或成员服务器才能在目录服务中授权和向客户端提供 DHCP 服务。授权 DHCP 服务器的步骤如下。

① 在图 7.32 所示的"DHCP"管理控制台中右击"DHCP"，选择"管理授权的服务器"命令，弹出的对话框如图 7.35 所示。

图7.35　"管理授权的服务器"对话框

② 在"管理授权的服务器"对话框中单击"授权"按钮，在弹出的对话框中输入 DHCP 服务器的主机名或 IP 地址，如图 7.36 所示。然后单击"确定"按钮。

图7.36　"授权DHCP服务器"对话框

3. 创建和配置作用域

作用域是一个有效的 IP 地址范围，这个范围内的 IP 地址能租用或分配给某特定子网内的客户端。用户通过配置 DHCP 服务器上的作用域来确定服务器可分配给 DHCP 客户端的 IP 地址池。

在 DHCP 服务器中添加作用域的步骤如下。

（1）在"DHCP"管理控制台中右击要添加作用域的服务器，如图 7.37 所示。选择"新建作用域"命令，弹出"新建作用域向导"对话框。

（2）单击"下一步"按钮，进入"作用域名称"界面，如图 7.38 所示。为该作用域设置一个名称，还可以输入一些说明文字。

图7.37　"DHCP"管理控制台

图7.38　"作用域名称"界面

（3）单击"下一步"按钮，进入"IP 地址范围"界面，如图 7.39 所示。在此定义新作用域可用 IP 地址范围、子网掩码等信息。

（4）单击"下一步"按钮，进入"添加排除和延迟"界面，如图 7.40 所示。如果前面设置的作用域内有部分 IP 地址不想提供给 DHCP 客户端使用，则可在此界面中设置需排除的地址范围，可单击"添加"按钮进行设置。

图7.39　"IP地址范围"界面

图7.40　"添加排除和延迟"界面

（5）单击"下一步"按钮，进入"租约期限"界面，设置 IP 地址的租约期限（默认为 8 天）。

（6）单击"下一步"按钮，进入"配置 DHCP 选项"界面，如图 7.41 所示。如果选中"否，我想稍后配置这些选项"单选按钮，单击"下一步"按钮后，单击"完成"按钮即可完成对作用域的创建。

（7）作用域被创建后，需要将其激活才能发挥作用。在新创建的作用域上右击，在弹出的快捷菜单中选择"激活"，如图 7.42 所示。

图7.41　"配置DHCP选项"界面

图7.42　激活作用域

（8）在第（6）步中，如果选中"是，我想现在配置这些选项"单选按钮，然后单击"下一步"按钮，可为这个作用域设置 DHCP 选项，分别是默认网关、DNS 服务器、WINS 服务器等。当 DHCP 服务器在给 DHCP 客户端分派 IP 地址时，会将这些 DHCP 选项中的服务器数据指定给客户端。

（9）单击"下一步"按钮，进入"路由器(默认网关)"界面。输入默认网关的 IP 地址，然后单击"添加"按钮，如图 7.43 所示。

图7.43　"路由器(默认网关)"界面

（10）单击"下一步"按钮，进入"域名称和 DNS 服务器"界面，如图 7.44 所示。设置父域，输入 DNS 服务器的名称与 IP 地址，或者只输入 DNS 服务器的名称，然后单击"解析"按钮，系统会自动找到这台 DNS 服务器的 IP 地址。

图7.44　"域名称和 DNS 服务器"界面

（11）单击"下一步"按钮，进入"WINS 服务器"界面。输入 WINS 服务器的名称与 IP 地址，或者只输入名称，单击"解析"按钮让系统自动解析。如果网络中没有 WINS 服务器，则可以不输入。

（12）单击"下一步"按钮，进入"激活作用域"界面。选中"是，我想现在激活此作用域"单选按钮，开始激活新的作用域，然后单击"完成"按钮即可。

完成上述设置后，DHCP 服务器就可以开始接受 DHCP 客户端索取 IP 地址的要求。

需要注意的是，在一台 DHCP 服务器内，一个子网只能设置一个作用域。例如，不可以在设置一个作用域为 192.168.1.1～192.168.1.49 后，再设置另一个作用域为 192.168.1.61～192.168.1.100；正确的方法是先设置一个连续的作用域 192.168.1.1～192.168.1.100，然后将 192.168.1.50～192.168.1.60 排除掉。在一台 DHCP 服务器内可以为不同的子网建立多个作用域。例如，可以在 DHCP 服务器内建立两个作用域，一个是为子网 192.168.1.0 提供服务的，另一个是为子网 172.17.0.0 提供服务的。

4. 保留特定的 IP 地址

可以保留特定的 IP 地址给特定的客户端使用，以便该客户端每次申请 IP 地址时都拥有相同的 IP 地址。可以通过此功能逐一为用户设置固定的 IP 地址，避免用户随意更改 IP 地址，这就是所谓的 IP-MAC 绑定，这会给维护减少不少工作量。

保留特定的 IP 地址的步骤如下。

（1）启动 DHCP 管理器，在 DHCP 服务器列表框中选择一个 IP 地址范围，单击鼠标右键，选择"保留"→"新建保留"，弹出"新建保留"对话框，如图 7.45 所示。

图7.45　"新建保留"对话框

（2）在"保留名称"文本框中输入用来标识 DHCP 客户端的名称，该名称只是一般的说明文字，并非用户账号的名称。例如，可以输入计算机名称，但并不一定需要输入客户端的真正计算机名称，因为该名称只在管理 DHCP 服务器中的数据时使用。在"IP 地址"文本框中输入一个保留的 IP 地址，可以指定任何一个保留的未使用的 IP 地址。如果输入重复或非保留地址，"DHCP"管理控制台将发出警告信息。在"MAC 地址"文本框中输入上述 IP 地址要保留给客户端的网卡号。在"描述"文本框中输入描述客户端的说明文字，该项内容为可选项。

　　网卡 MAC 地址是固化在网卡里的编号，是一个 12 位的十六进制数。全世界所有的网卡都有自己的唯一标号，是不会重复的。在安装了 Windows Server 的计算机上，通过"开始"→"运行"，输入"cmd"并按 Enter 键进入命令提示符窗口，执行"ipconfig/all"命令查看本机网络属性信息，如图 7.46 所示。

图7.46　命令提示符窗口

　　（3）在"新建保留"对话框中，单击"添加"按钮，将保留的 IP 地址添加到 DHCP 服务器的数据库中。可以按照以上操作继续添加保留地址，添加完所有保留地址后，单击"关闭"按钮。

　　可以通过单击"DHCP"管理控制台中的"地址租约"查看目前有哪些 IP 地址已被租用或保留。

5. 配置作用域选项

　　要改变作用域在建立租约时提供的网络参数（如 DNS 服务器、默认网关、WINS 服务器），需要对作用域的选项进行配置。

　　设置 DHCP 选项时，可以针对一个作用域进行设置，也可以针对该 DHCP 服务器内的所有作用域进行设置。如果这两个地方设置了相同的选项，如都对 DNS 服务器、网关等进行了设置，则作用域的设置优先级高。

　　例如，设置 006 DNS 服务器的步骤如下。

　　（1）在"DHCP"管理控制台中的"作用域选项"上右击，选择"配置选项"，弹出"作用域选项"对话框，如图 7.47 所示。

图7.47 "作用域选项"对话框

（2）勾选"006 DNS 服务器"复选框，然后输入 DNS 服务器的 IP 地址，单击"添加"按钮。如果不知道 DNS 服务器的 IP 地址，可以输入 DNS 服务器的名称，然后单击"解析"按钮让系统自动寻找相应的 IP 地址。完成后单击"确定"按钮。

（3）完成设置后，在"DHCP"管理控制台中可以看到设置的选项"006 DNS 服务器"，如图 7.48 所示。

图7.48 "DHCP"管理控制台

DHCP 服务提供的选项包括以下几项。

（1）003 路由器：配置路由器的 IP 地址。

（2）006 DNS 服务器：可以配置一个或多个 DNS 服务器的 IP 地址。

（3）015 DNS 域名：通过指定客户端所属的 DNS 域的域名，客户端可以更新 DNS 服务器上的信息，以便其他客户端进行访问。

DHCP 的标准选项还有很多，但是大部分客户端只能识别其中的一部分。如果客户端已经为某个选项指定了参数，则优先使用客户端的配置参数。

选择的作用域选项可以应用于所有 DHCP 客户端、一组客户端或者单个客户端。因此，相应地可以在 4 个级别上配置作用域选项：服务器、作用域、类别及保留客户端。

（1）服务器选项：服务器选项应用于所有向 DHCP 服务器租用 IP 地址的 DHCP 客户端。如果子网上所有客户端都需要同样的配置信息，则应配置服务器选项。例如，可能希望配置所有客户端使用同样的 DNS 服务器或 WINS 服务器。要配置服务器选项，可展开需要配置的服务器，在"服务器选项"上右击，选择"配置选项"。

（2）作用域选项：作用域选项只对本作用域租用地址的客户端可用。例如，每个子网需要不同的作用域，并且可为每个作用域定义唯一的默认网关。在作用域级配置的选项优先级高于在服务器级配置的选项。要配置作用域选项，可展开要设置选项的作用域，在"作用域选项"上右击，选择"配置选项"。

（3）类别选项：在此选项中，只对向 DHCP 服务器标识自己属于特定类别的客户端可用。例如，运行于 Windows Server 的客户端计算机能够接受与网络上其他客户端不同的选项。在类别级配置的选项优先级高于在作用域级或服务器级配置的选项。要配置类别选项，可在"服务器选项"或"作用域选项"对话框中的"高级"选项卡中，选择供应商类别或用户类别，然后在"可用选项"列表框中配置合适的选项。

（4）保留客户端选项：此选项仅对特定客户端可用。例如，可以保留客户端选项，从而使特定的 DHCP 客户端能够使用特定路由器访问子网外的资源。在保留客户端级配置的选项优先级高于在其他级别配置的选项。在 DHCP 中，要配置保留客户端选项，可在"保留"上右击，选择"新建保留"，将相应客户端的保留地址添加到相应 DHCP 服务器和作用域，然后在此客户端上右击，选择"配置选项"。

7.2.3　在路由网络中配置 DHCP

在大型网络中通常会用路由器将网络划分为多个物理子网。路由器最主要的功能之一是屏蔽各子网之间的广播，减少带宽占用，提高网络性能。DHCP 客户端是通过广播来获得 IP 地址的，因此，除非将 DHCP 服务器配置为在路由网络环境下工作，否则 DHCP 通信将被限制在单个子网中。

通过以下 3 种方法可以在路由网络中配置 DHCP 功能。

（1）每个子网中至少设置一台 DHCP 服务器，这会增加设备费用和管理员的工作量。

（2）配置一台与 RFC 1542 兼容的路由器，这种路由器可转发 DHCP 广播到不同的子网，对其他类型的广播仍不予转发。

（3）在每个子网都设置一台计算机作为 DHCP 中继代理。在本地子网中，DHCP 中继代理截取 DHCP 客户端地址请求广播消息，并将它们转发给另一子网上的 DHCP 服务器。DHCP 服务器使用定向数据包应答 DHCP 中继代理，然后 DHCP 中继代理在本地子网上广播此应答，供请求的客户端使用。

下面介绍安装与配置 DHCP 中继代理的方法，并在路由网络中配置 DHCP 服务。

1. 安装 DHCP 中继代理

（1）单击"开始"→"程序"→"管理工具"→"路由和远程访问"命令，展开"IPv4"，在"常规"上右击，选择"新增路由协议"，如图 7.49 所示。

图7.49　选择"新增路由协议"

（2）在弹出的对话框当中，选择"DHCP 中继代理程序"，单击"确定"按钮，打开"DHCP中继代理 属性"对话框，在"服务器地址"文本框中输入 DHCP 服务器的 IP 地址，如图 7.50 所示然后单击"添加"按钮。

图7.50　"DHCP中继代理 属性"对话框

2. 配置 DHCP 中继代理

在 DHCP 中继代理转发来自任意网络接口的客户端的 DHCP 请求之前,必须配置中继代理,以应答这些请求。启用中继代理功能时,也可为跃点计数阈值和启动阈值指定超时值。

(1)跃点计数阈值:规定广播包最多可经过多少个子网,如广播包在规定的跳数中仍未得到响应,该广播包将被丢弃。如果此值设得过高,在中继代理设置错误时将导致网络流量过大。

(2)启动阈值:设定 DHCP 中继代理将客户端请求转发到其他子网的服务器之前,等待本子网的 DHCP 服务器响应的时间。DHCP 中继代理先将客户端的请求发送到本地的 DHCP 服务器,等待一段时间未得到响应后,中继代理才将请求转发给其他子网的 DHCP 服务器。

选择"DHCP 中继代理程序",右击,选择"新接口",再选择"本地连接",即可设定跃点计数阈值和启动阈值,如图 7.51 所示。

图7.51　配置DHCP中继代理

7.2.4　DHCP 数据库的管理

Windows Server 把 DHCP 数据库文件存放在"%Systemroot%\System32\dhcp"文件夹内。其中的 dhcp.mdb 是其存储数据的文件,而其他的文件则是辅助性的文件,注意不要随意删除这些文件。

1. DHCP 数据库的备份

DHCP 数据库是一个动态数据库,在向客户端提供租约或客户端释放租约时它会自动更新。DHCP 服务器默认会每隔 60min 自动将 DHCP 数据库文件备份到数据库目录的"backup\

jet\new"目录中。如果想修改这个时间间隔，可以通过修改 BackupInterval 这个注册表参数实现，它位于注册表项：HKEY_LOCAL_MACHINE\SYSTEM\CurrentControlSet\Services\DHCPserver\Parameters 中。也可以先停止 DHCP 服务器，然后直接将 DHCP 内的文件进行复制备份。

2. DHCP 数据库的还原

DHCP 服务器在启动时，会自动检查 DHCP 数据库是否损坏，并自动排除故障，还原损坏的数据库。也可以利用手动的方式来还原 DHCP 数据库，其方法是将注册表 HKEY_LOCAL_MACHINE\SYSTEM\CurrentControlSet\Services\DHCPserver\Parameters 下的参数 RestoreFlag 设为1，然后重新启动 DHCP 服务器即可。还可以先停止 DHCP 服务器，然后直接将"backup"文件夹中备份的数据复制到 DHCP 文件夹。

3. IP 作用域的协调

如果发现 DHCP 数据库中的设置与注册表中的相应设置不一致，例如，DHCP 客户端所租用的 IP 地址不正确或丢失时，可以用协调的功能让二者数据一致。因为在注册表数据库内也存储着一份在 IP 作用域内租用数据的备份，协调时，可以利用存储在注册表数据库内的数据来恢复 DHCP 数据库内的数据。其方法是右击相应的作用域后选择"协调"。为确保数据库的正确性，定期执行协调操作是良好的习惯。

4. DHCP 数据库的重整

DHCP 服务器使用一段时间后，数据库内部数据必然会存在数据分布凌乱的情况，因此为了提高 DHCP 服务器的运行效率，要定期重整数据库。Windows Server 系统会自动定期在后台进行重整操作，不过也可以通过手动的方式重整数据库，其效率要比自动重整更高。方法如下：进入"\winnt\system32\dhcp"目录，停止 DHCP 服务器，运行 jetpack.exe 程序完成重整数据库，再重新启动 DHCP 服务器即可。其命令操作过程如下。

```
cd\winnt\system32\dhcp        //进入 DHCP 数据库目录
net stop dhcpserver           //停止 DHCP 服务器
jetpack dhcp.mdb temp.mdb     //重整数据库
net start dhcpserver          //重新启动 DHCP 服务器
```

5. DHCP 数据库的迁移

将旧的 DHCP 服务器内的数据迁移到新的 DHCP 服务器内，并改由新的 DHCP 服务器提供服务，步骤如下。

（1）备份旧的 DHCP 服务器内的数据：首先停止 DHCP 服务器，在"DHCP"管理控制台中右击服务器,选择"所有任务"→"停止",或者在命令提示符窗口运行"net stop dhcpserver"命令将 DHCP 服务器停止。然后将"%Systemroot%\System32\dhcp"下整个文件夹复制到新的 DHCP 服务器内任何一个临时的文件夹中。

运行 Regedt32.exe，选择注册表选项 HKEY_LOCAL_MACHINE\SYSTEM\CurrentControlSet\Services\DHCPserver，选择"注册表"→"保存"，将所有设置值保存到文件中。最后删除旧的 DHCP 服务器内的数据库文件夹。

（2）将备份的数据还原到新的 DHCP 服务器：安装新的 DHCP 服务器，停止旧的 DHCP

服务器，方法同上。将存储在临时文件内的所有数据（由旧的 DHCP 服务器复制来的数据）复制到 "%Systemroot%\System32\dhcp" 文件夹中。

运行 Regedt32.exe，选择注册表选项 HKEY_LOCAL_MACHINE\SYSTEM\CurrentControlSet\Services\DHCPserver，选择 "注册表" → "还原"，将前面保存的旧 DHCP 服务器的设置还原到新的 DHCP 服务器。重启 DHCP 服务器，协调所有的作用域即可。

7.3　IIS

IIS 是一种 Web（网页）服务组件，利用 IIS 很容易在网络（包括互联网和局域网）上发布信息。

7.3.1　IIS 概述

互联网信息服务（Internet Information Services，IIS）是由微软公司提供的基于运行 Microsoft Windows 的互联网基本服务，也是微软公司主推的服务。IIS 组件内置在 Windows Server 一起发行，与 Windows Server 完全集成在一起，用户能够利用 Windows Server 和 NTFS（New Technology File System，新技术文件系统）内置的安全特性，提供安全、易于管理的、模块化的和可扩展的平台，以可靠的托管网站、服务和应用程序，建立强大、灵活而安全的 Internet 和 Intranet 站点。

Windows Server 中的 IIS 提供的服务包括：Web 服务、FTP 服务、SMTP 服务和 NNTP 服务等，分别用于网页浏览、文件传输、邮件发送和新闻服务等。

1. Web 服务

万维网通过将客户端 HTTP 请求连接到在 IIS 中运行的网站上，向 IIS 最终用户提供 Web 服务，支持 HTTP。

2. FTP 服务

FTP 服务提供对管理和处理文件的完全支持。该服务使用 TCP，确保文件传输的完成和数据传输的准确，支持 FTP。

3. SMTP 服务

系统允许基于 Web 的应用程序传送和接收邮件，支持简单邮件传送协议（SMTP）。

4. NNTP 服务

用户可以使用网络新闻传送协议（Network News Transfer Protocol，NNTP）服务主控单台计算机上的 NNTP 本地讨论组。

5. 管理服务

该项功能管理 IIS 配置数据库，并为 Web 服务、FTP 服务、SMTP 服务和 NNTP 服务更新 Microsoft Windows 操作系统注册表。

安装好 Windows Server 后，可以利用管理服务器向导，在服务器管理器中添加或删除角色来完成 IIS 的安装。

7.3.2　IIS 的安装

1. IIS 角色的安装

IIS 是与 Windows Server 集成的 Web 服务。下面介绍利用在计算机"Windows"上的"服务器管理器"安装 Web 服务器（IIS）角色的方法，步骤如下。

（1）在"服务器管理器"窗口中单击"添加角色"超链接，启动添加角色和功能向导。

（2）如图 7.52 所示，在"选择服务器角色"界面中勾选"Web 服务器(IIS)"复选框。

图7.52　"选择服务器角色"界面

（3）系统提示无法安装 Web 服务器（IIS）角色，单击"添加必需的功能"按钮。

（4）返回"选择服务器角色"界面。

（5）在"Web 服务器(IIS)简介"界面中显示 Web 服务器的功能。

（6）在"选择角色服务"界面中，根据实际需求选择安装的组件，如图 7.53 所示。

图7.53　"选择角色服务"界面

（7）在"确认安装选择"界面中，等待用户确认。

（8）在"安装进度"界面中显示服务器角色的安装过程。

（9）在"安装结果"界面中显示 Web 服务器（IIS）角色已经安装成功。

（10）打开"Internet Information Services(IIS)管理器"窗口，可以看出，在安装 IIS 时已创建一个名为 Default Web Site 的 Web 网站，如图 7.54 所示。

图7.54　"Internet Informatiion Services(IIS)管理器"窗口

（11）打开浏览器，在地址栏中输入 http://<服务器 IP 地址或域名>/并按 Enter 键，若能看到图 7.55 所示的界面，则说明 Web 服务器角色安装成功。

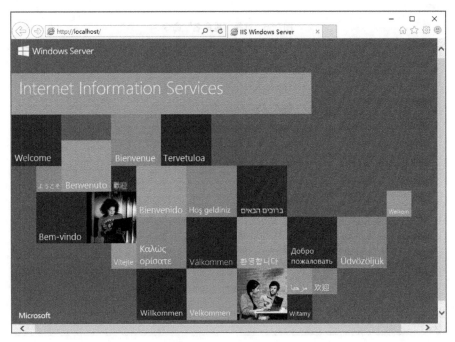

图7.55　IIS角色安装成功

2. IIS 的配置

IIS 配置的主要内容包括：更改网站标识，绑定 IP 地址、域名和端口号，设置网站发布主目录，设置网站的默认文档，设置主目录访问权限，设置网络限制，管理 Web 网络安全，创建 Web 网站虚拟目录等。

配置 IIS 的步骤如下。

（1）更改网站标识

① 打开 "Internet Information Services(IIS)管理器" 窗口，右击 "Default Web Site"，选择 "重命名" 命令，如图 7.56 所示。

② 在文本框中输入新的网站标识 "ABC 学院主页"，按 Enter 键，如图 7.57 所示。

图7.56 选择"重命名"命令

图7.57 IIS管理器

（2）绑定 IP 地址、域名和端口号

每一个 Web 站点都需要绑定与其相对应的 IP 地址、域名和端口号，特别在创建多个 Web 网站时，这 3 个参数必须修改一个以区分，操作方法如下。

① 打开"Internet Information Services(IIS)管理器"窗口，单击"操作"窗格中的"绑定"超链接，如图 7.57 所示。

② 在打开的"网站绑定"对话框中显示了该站点的主机名、绑定的 IP 地址和端口等信息，如图 7.58 所示。默认情况下，在列表中会显示一条信息，用户可以编辑该条目。若一个 Web 网站有多个域名或使用多个 IP 地址侦听，用户也可以单击"添加"按钮，添加一条新的绑定条目。

图7.58　"网站绑定"对话框

③ 单击"网站绑定"对话框中的"编辑"按钮，打开"编辑网站绑定"对话框，在其中进行设置，如图 7.59 所示。

图7.59　"编辑网站绑定"对话框

a. IP 地址：服务器可能会拥有多个 IP 地址，在默认情况下，用户可使用任何一个 IP 地址中的一个访问 Web，指定一个 IP 地址，默认值为"全部未分配"。

b. 端口：在默认情况下，Web 服务器的 TCP 端口号是 80，客户端直接使用 IP 地址或域名即可访问，当端口号更改后，客户端必须知道端口号才能连接到该 Web 服务器。

　　c. 主机名：在默认情况下，可以使用 IP 地址，也可以使用域名，创建了多个 Web 站点，使用"主机名"来区分不同的站点。

（3）设置网站发布主目录

　　网站的根目录默认路径是文件夹"%SystemDrive%\inetpub\wwwroot"，也作为"ABC 学院主页"站点的主目录。可以将网站发布主目录设置在其他硬盘或非系统分区中，操作方法如下。

　　① 单击"操作"窗格中的"基本设置"超链接。

　　② 打开"编辑网站"对话框后，在"物理路径"区域中单击浏览按钮，如图 7.60 所示。

图7.60　"编辑网站"对话框

　　③ 在"浏览文件夹"对话框中选择一个合适的文件夹作为站点的主目录，如图 7.61 所示。单击"确定"按钮，设置网站发布主目录。

图7.61　"浏览文件夹"对话框

（4）设置网站的默认文档

Web 服务器会将默认文档回传给浏览器，常用的默认文档有 Default.htm、Default.asp、index.htm、index.html、iisstart.html 等，由上至下依次查找与之相对应的文件名，无法找到其中的任何一个，就会提示 "Directory Listing Denied"（目录列表被拒绝）。设置网站的默认文档步骤如下。

① 进入网站的设置主页，如图 7.62 所示，双击"默认文档"图标。

图7.62　设置主页

② 打开"默认文档"页后，通过"上移"和"下移"按钮调整各个默认文档的顺序，如图 7.63 所示。

图7.63　调整默认文档的顺序

③ 如果没有需要的文档，要用"添加"超链接添加一个新的默认文档，如图 7.64 所示。单击"确定"按钮，设置默认内容文档。

图7.64　"添加默认文档"对话框

（5）设置主目录访问权限

不允许用户具有写入权限的设置方法如下。

① 单击"操作"窗格中的"编辑权限"超链接。

② 打开 Web 主目录文件夹的属性对话框后，切换到"安全"选项卡，如图 7.65 所示。

图7.65　属性对话框

③ 对公开的 Web 站点来说，采用匿名方式访问 Web 服务器，匿名账户为 IIS_IUSRS。单击"编辑"按钮，打开文件夹的编辑权限对话框后，添加匿名账户，如图 7.66 所示。

④ 将 Web 站点主目录的读取和执行、列出文件夹内容、读取的权限授予匿名账户，如图 7.67 所示。

⑤ 单击"确定"按钮保存设置。

图7.66　编辑权限对话框

图7.67　为匿名账户设置权限

（6）设置网络限制

设置网络限制的目的是防止因并发连接的数量过多致使服务器死机，设置方法如下。

单击"操作"窗格中的"限制"超链接，在"编辑网站限制"对话框中进行设置，如图 7.68 所示。

① 限制带宽使用：控制 IIS 服务器向用户开放的网络带宽值。

② 连接超时：自动断开连接时间，默认为 120s。

③ 限制连接数：设置所允许的同时连接最大数量。

单击"确定"按钮，保存设置。

图7.68 "编辑网站限制"对话框

（7）管理 Web 网络安全

① 禁用匿名访问。Web 网站默认启用"匿名身份验证"，如果禁用匿名访问，进入网站的设置主页，双击"身份验证"图标，打开"身份验证"页后，在列表中选中"匿名身份验证"选项，然后在"操作"窗格中单击"禁用"超链接，如图 7.69 所示。

图7.69 设置匿名访问

② 使用身份验证。有 3 种身份验证方式，在安装 Web 服务器（IIS）角色时，在"选择服务器角色"界面中选中欲安装的身份验证方式，如图 7.70 所示。

图7.70　"选择服务器角色"界面

进入网站的设置主页，双击"身份验证"图标（见图 7.71），打开"身份验证"页后，在列表中显示当前用户已经安装的身份验证方式，如图 7.72 所示。如果欲使用非匿名身份验证方式，则首先需禁用匿名身份验证方式，然后在列表中选择要使用的身份验证方式，并在右侧"操作"窗格中单击"启动"超链接，即可启动相应的身份验证方式。

图7.71　双击"身份验证"图标

图7.72   启用身份验证

a. 基本身份验证：模仿一个本地用户登录到 Web 服务器，必须具有"本地登录"用户权限，是一种采用工业标准的验证方式，大多数浏览器支持。基本身份验证用户密码以未加密形式在网络上传输，相对不安全。

b. 摘要式身份验证：要求用户输入账号名和密码，账号名和密码都要经过 MD5 算法处理，并且 Web 服务器必须是 Windows 域的成员服务器。

c. Windows 身份验证：是一种较安全的验证方式，需要用户输入账号名和密码，账号名和密码在通过网络发送前会经过散列处理。Windows 身份验证有两种，分别是 Kerberos V5 验证和 NTLM（NT LAN Manager，问询/应答身份验证协议）。

使用基本身份验证，当客户端访问该网站时，就会打开身份验证对话框，要求用户输入合法的用户名及密码，如图 7.73 所示。

图7.73   客户端访问网站

如果验证通过即可打开网页，否则将返回错误页（错误代码为 401），如图 7.74 所示。

图7.74　访问网站

③ 通过 IP 地址限制保护网站。可以通过限制 IP 地址的访问来防止或允许某些特定的计算机、计算机组、域甚至整个网络访问 Web 站点。Windows Server 默认不安装"IP 和域限制"角色，如果要通过 IP 地址限制保护网站，在安装 Web 服务器（IIS）角色时，在"选择服务器角色"界面中勾选"IP 和域限制"复选框，如图 7.75 所示。

图7.75　"选择服务器角色"界面

进入网站的设置主页，双击"IPv4 地址和域限制"图标，打开"IP 地址和域限制"页如图 7.76 所示。

图7.76 "IP地址和域限制"页

单击右侧"操作"窗格中的"添加允许条目"或"添加拒绝条目"超链接，在弹出的"添加允许限制规则"对话框中设置IP地址范围、掩码或前缀，如图7.77所示。

图7.77 "添加允许限制规则"对话框

用户还可以根据域名来限制要访问的计算机，如图 7.78 所示。

图7.78　"编辑IP和域限制设置"对话框

（8）创建 Web 网站虚拟目录

一个 Web 网站的主目录及其子文件夹称为物理目录，即网站的实际目录。而虚拟目录是指在 Web 服务器上设置但不是物理存在的目录，它是通过 Web 服务器对目录实际位置的映射实现的，用一个别名（alias）作为目录实际位置的映射，要更改目录的统一资源定位符（Uniform Resource Locator，URL），需更改别名与目录实际位置的映射关系。

① 创建实际目录。单击"内容视图"超链接切换视图，此时在列表框中显示网站主目录下所有的文件和文件夹，单击"操作"窗格中的"浏览"超链接，打开网站的主目录，在该目录下创建一个文件夹，创建一个名称为 index.htm 的测试网页文件，刷新内容视图，就可在内容视图中看到刚创建的实际目录，如图 7.79 所示。打开浏览器，访问实际目录。

图7.79　创建实际目录

② 创建虚拟目录。创建一个新文件夹，将文件夹的读取和执行、列出文件夹内容、读取的权限都授予 IIS_IUSRS 账户，在刚创建好的文件夹中创建一个名称为 index.htm 的文件，在网站的内容视图中，单击"添加虚拟目录"超链接。打开"添加虚拟目录"对话框，设置"别名"和"物理路径"，如图 7.80 所示。单击"确定"按钮即可添加虚拟目录。虚拟目录添加完成后，将在内容视图中显示新创建的虚拟目录。

图7.80 "添加虚拟目录"对话框

选择相应的虚拟目录，单击"操作"窗格中的"高级设置"超链接，可以管理虚拟目录。

3. 在同一服务器上创建多个 Web 网站

创建多个不同的 Web 网站有以下 3 种方式。

（1）使用不同的 IP 地址在一台服务器上创建多个 Web 网站

① 为 Web 服务器的网卡绑定多个 IP 地址。打开"Internet 协议(TCP/IP)属性"对话框，单击"高级"按钮，在"高级 TCP/IP 设置"对话框的"IP 地址"栏中单击"添加"按钮，为网卡再添加一个 IP 地址和子网掩码，如图 7.81 所示。

② 为站点创建 Web 发布主目录，并将它的读取和执行、列出文件夹内容、读取的权限授予 IIS_IUSRS 账户。在文件夹中创建一个 index.htm 文件，将其作为该 Web 网站的测试文件。

③ 设置已创建 Web 站点绑定的 IP 地址。打开"Internet Information Services(IIS)管理器"窗口，首先在"连接"窗格中的 DNS 目录树中选中"网站"，单击"操作"窗格中的"添加网站"超链接，在"添加网站"对话框中，设置"网站名称""物理路径""IP 地址"，其他参数保持不变，完成两个站点的创建，如图 7.82 所示。

（2）使用不同主机名在一台服务器上创建多个 Web 网站

① 在 DNS 服务器中创建多个别名资源记录，并且都指向一台真实的 Web 服务器，如图 7.83 所示。

图7.81　绑定IP地址

图7.82　"添加网站"对话框

图7.83　在DNS服务器中创建多个别名资源记录

② 为站点创建 Web 发布主目录，并将它的读取和执行、列出文件夹内容、读取的权限授予 IIS_IUSRS 账户。在文件夹中创建一个 index.htm 文件，将其作为该 Web 网站的测试文件。

③ 设置已创建 Web 站点绑定的主机名。打开 "Internet Information Services(IIS)管理器" 窗口，首先在 "连接" 窗格中的 DNS 目录树中选中 "网站"，然后单击 "操作" 窗格中的 "添加网站" 超链接，在 "添加网站" 对话框中，设置 "网站名称" "物理路径" "主机名"，其他参数保持不变，即完成两个站点的创建，如图 7.84 所示。

图7.84　"添加网站" 对话框

（3）使用不同的端口号在一台服务器上创建多个 Web 网站

为站点创建 Web 发布主目录，并将它的读取和执行、列出文件夹内容、读取的权限授予 IIS_IUSRS 账户。在文件夹中创建一个 index.htm 文件，将其作为该 Web 网站的测试文件。打开"Internet Information Services (IIS)管理器"窗口，首先在"连接"窗格中的 DNS 目录树中选中"网站"，单击"操作"窗格中的"添加网站"超链接，在"添加网站"对话框中，设置"网站名称""物理路径""端口"，其他参数保持不变，完成使用不同端口号创建不同网站，如图 7.85 所示。

图7.85　"添加网站"对话框

7.3.3　IIS 的特性

IIS 在持续升级和改进优化，其特性主要体现在以下几个方面。

（1）模块化的网络核心允许用户根据需求添加、删除甚至使用自定义模块替换内置的 IIS 组件。

（2）统一标准的 HTTP 管道，对应本地管理方面的应用程序。同时支持 HTTP/2，允许通过 HTTP 1.1 进行大量增强，从而有效地重复使用连接并降低延迟。

（3）对隔离、资源控制和可移植操作环境的容器支持，Windows 容器通过进程和命名空间隔离实现隔离，可以为 Web 工作负载选择最佳的 Windows 容器环境，最大限度地保护服务器和其他应用程序的安全。

（4）可以在同一个服务器上部署和运行 ASP.NET、经典 ASP 和 PHP Web 应用程序。

（5）如果应用程序发生故障，快速故障保护可以保护 Web 服务器免遭拒绝服务攻击。

（6）拥有简化的并可以缩放的 PowerShell 模块，用于管理 IIS，通过直接访问 ServerManager 对象，从而更好地控制配置系统。

总之，IIS 服务器将为 Web 管理员以及 Web 爱好者提供丰富、便捷、高效、安全的管理工具。利用 IIS 服务器，个人用户可以更快、更简便地建立自己的站点，企业用户则可以更全面、更安全地维护和管理自己的 Web 环境。

7.4　FTP 服务器

FTP 可以帮助用户在客户机与远程主机间进行文件传输。

7.4.1　FTP 服务器概述

FTP 是 Internet 上用来传送文件的协议。它是为了能够在 Internet 上互相传送文件而制定的文件传送标准，规定了 Internet 上文件的传送方式。也就是说，通过 FTP 可以与 Internet 上的 FTP 服务器进行文件的上传（Upload）或下载（Download）等操作。

和其他 Internet 应用一样，FTP 也是依赖客户-服务器关系的概念。在 Internet 上，有一些网站依照 FTP 提供服务，让用户进行文件的存取，这些网站就是 FTP 服务器。用户要连接到 FTP 服务器，就要用到 FTP 客户程序，通常 Windows 都有 ftp 命令，这实际是一个命令行的 FTP 客户程序，另外，常用的 FTP 客户程序还有 CuteFTP、WS_FTP、FTP Explorer 等。

7.4.2　FTP 工作原理

以下载文件为例，当用户启动 FTP 从远程计算机上复制文件时，事实上启动了两个程序：一个是本地计算机上的 FTP 客户程序，它向 FTP 服务器提出复制文件的请求；另一个是远程计算机上的 FTP 服务器程序，它响应用户的请求并把指定的文件传送到用户的计算机中。FTP 采用客户-服务器方式，用户要在自己的本地计算机上安装 FTP 客户程序。FTP 客户程序有字符界面和图形界面两种。字符界面的 FTP 客户程序的命令复杂、繁多；图形界面的 FTP 客户程序，操作上要简捷得多。

要连上 FTP 服务器（即登录），必须有该 FTP 服务器的账号。如果是该服务器的注册用户，用户会有一个 FTP 登录账号和密码，用这个账号和密码连接到该服务器。但 Internet 上有很大一部分 FTP 服务器被称为匿名（Anonymous）FTP 服务器。这类服务器用于向公众提供文件复制服务，因此不要求用户事先在该服务器进行注册。

匿名 FTP 服务器能够使用户与远程主机建立连接，并以匿名身份从远程主机上复制文件，而不必是该远程主机的注册用户。用户使用特殊的用户名 anonymous 和 guest 即可有限制地访问远程主机上公开的文件。现在许多系统要求用户将 E-mail 地址作为口令，以便更好地对访问进行跟踪。出于安全的目的，大部分匿名 FTP 服务器一般只允许远程用户下载文件，而不允许上传文件。也就是说，用户只能从匿名 FTP 服务器复制需要的文件，而不能把文件复制到匿名 FTP 服务器。另外，匿名 FTP 服务器还采用了其他一些保护措施以保护自己的文件不至于被用户修改和删除，并防止计算机病毒的侵入。在具有图形服务器界面的 Web

环境于 1995 年开始普及以前,匿名 FTP 服务器一直是 Internet 上获取信息资源的最主要服务器。在 Internet 成千上万的匿名 FTP 服务器中存储着难以计数的、各种各样的文件。人们只要知道特定信息资源的主机地址,就可以匿名登录获取所需的信息资料。虽然目前 Web 环境已取代匿名 FTP 服务器成为最主要的信息查询方式,但是匿名 FTP 服务器仍是 Internet 上传输分发文件的一种基本方法。

7.4.3　搭建 FTP 服务器

由于 FTP 依赖 IIS,因此计算机上必须安装 IIS 和 FTP 服务器。在 Windows Server 系统的安装过程中,IIS 是默认不安装的,在系统安装完毕后可以通过添加角色功能安装 IIS。

1. 安装 IIS 中的 FTP 服务器

安装 IIS 和 FTP 服务器,按照下列步骤操作。

打开"服务器管理器",启动添加角色和功能向导,在"选择服务器角色"界面中勾选"Web 服务器(IIS)"及"FTP 服务器"复选框,如图 7.86 所示。

在"确认安装选择"界面中显示前面所进行的设置,确认正确后,单击"安装"按钮开始安装 FTP 服务器。

在"安装进度"界面中显示服务器角色的安装过程,在"安装结果"界面中显示安装 FTP 服务器已经成功。

图7.86　"选择服务器角色"界面

完成 FTP 服务器安装后,可以利用"服务器管理器"启动和停止 FTP 服务。

2. 配置 FTP 服务器

配置 FTP 服务器要求配置静态 IP 地址(如 192.168.1.100),并为其注册一个域名(可选)。
(1)打开"Internet Information Services(IIS)管理器"窗口,右击 IIS 服务器,选择"添加

FTP 站点"，如图 7.87 所示。接着右击该窗口左侧添加的 FTP 站点，选择"编辑绑定"，打开"网站绑定"对话框，如图 7.88 所示。

① 设置 IP 地址（使 FTP 客户端只能利用设置的这个 IP 地址来访问该 FTP 站点）。

② 设置 TCP 端口（默认的端口号为 21）。

图7.87　IIS管理器

图7.88　绑定网站

（2）设置主目录。在 FTP 站点"操作"栏中，单击"基本设置"超链接，打开"编辑网站"对话框，如图 7.89 所示。

① 设置"网站名称"：FTP 站点名称。

② 设置"物理路径"：FTP 站点的主目录位置，即该计算机上的目录或另一台计算机上的目录。

③ 设置"传递身份验证"：连接 FTP 站点用户的访问路径凭据。

图7.89　"编辑网站"对话框

（3）设置安全账户。打开功能视图中"FTP 身份验证"，如图 7.90 所示。有两种验证方式：匿名身份验证和基本身份验证（用正式的用户账户和密码登录）。

图7.90　设置安全账户

（4）设置消息。打开功能视图中"FTP 消息"，能够设置访问 FTP 站点的消息，如图 7.91 所示。

① 横幅：用户访问 FTP 站点时，首先看到的文字，用来介绍 FTP 站点的名称和用途。

② 欢迎使用：用户登录成功后，看到的欢迎词。

③ 退出：用户退出时，看到的欢送词。

④ 最大连接数：当用户连接超过最大连接时的错误提示。

图7.91　设置消息

（5）设置目录安全性。打开功能视图中"FTP 授权规则"，通过"操作"栏中"添加允许规则"或"添加拒绝规则"，可以设置目录安全性，如图 7.92 所示。有如下两种限制方式。

① 授权访问：用于给 FTP 服务器添加"黑名单"。

② 拒绝访问：除列表中的 IP 地址的主机能访问外，其他所有主机都不能访问该 FTP 站点，主要用于内部应用，以防止外部主机访问该 FTP 站点。

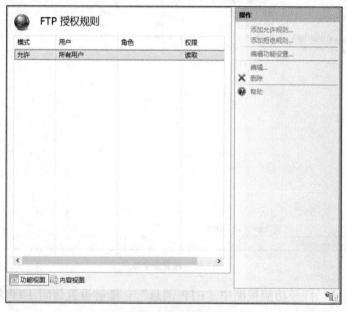

图7.92　设置目录安全性

完成 FTP 站点的配置后，在已组成局域网的客户端浏览器的地址栏中输入"ftp://192.168.1.100"并按 Enter 键，访问 FTP 站点，如图 7.93 所示。还可用"Windows 资源管理器"查看 FTP 站点，如图 7.94 所示。如果本机设定了 DNS 服务，也可用域名来访问 FTP 文件夹。

图7.93　客户端浏览器访问FTP站点

图7.94　用"Windows资源管理器"查看FTP站点

本章小结

本章主要介绍了 Windows Server 操作系统中几个常用服务器 DNS、DHCP、IIS、FTP 的概念、原理、安装、配置与管理等。

DNS 是一种分布式的、静态层次的、C/S 模式的数据库管理系统，提供了域名与 IP 地址的转换服务，包括两种查询：正向查询将域名解析成 IP 地址，反向查询则将 IP 地址解析成域名。DHCP 服务器为网络客户机分配动态的 IP 地址。IIS 为用户提供了一个集成性、稳定性、扩展性、安全性及可管理性的 Internet 服务器平台，可为用户创建和管理 Web 和 FTP 站点。Web 服务器是 Internet 上实现信息资源共享的最广泛应用，而使用 FTP 服务器是在 Internet 上传输文件高效的方法之一。

实训　Web 服务器的配置

1. 实训目的
（1）掌握 IIS 的安装。
（2）掌握虚拟目录的概念及设置。
（3）掌握 Web 站点的创建及属性设置。
（4）能够测试 Web 站点。

2. 实训环境
安装好 Windows Server 的服务器（IP 地址为 172.168.0.121）与安装好 Windows 7 的客户机组成的局域网。

3. 实训步骤
（1）安装 IIS。
① "服务器管理器"→单击"添加角色"，启动添加角色和功能向导。
② 在"选择服务器角色"对话框中勾选"Web 服务器（IIS）"复选框，按安装向导步骤完成 IIS 的安装。
（2）通过 IE 浏览器访问默认的 Web 站点。
在已安装好 IIS 服务的计算机中打开 IE 浏览器，在地址栏中输入 http://localhost 或 http://计算机名并按 Enter 键，即可浏览默认的 Web 站点。
（3）将 D:\jsj 文件夹设置名为"PowerPoint"的 Web 站点，其 IP 地址为 172.168.0.121，端口号为 8080。
① 在"服务器管理器"窗口中打开"Internet Information Services(IIS)管理器"窗口。
② 在"Internet Information Services(IIS)管理器"窗口中右击服务器节点，在快捷菜单中选择"新建"→"Web 站点"，进入 Web 站点创建向导，设置 Web 站点说明为"PowerPoint"，设置 Web 站点的 IP 地址为 172.168.0.121 和端口号为 8080，设置 Web 站点主目录的路径为 D:\jsj，设置主目录的访问权限。
（4）通过 http://172.168.0.121:8080 来访问该 Web 站点。
在服务器或任何一台工作站上打开浏览器，在地址栏中输入 http://172.168.0.121:8080 并按 Enter 键，即可浏览该 Web 站点。
（5）创建一个别名为 asp 的虚拟目录，其对应的路径为 D:\asp。
① 右击"Internet Information Services(IIS)管理器"窗口中的"默认 Web 站点"，在快捷菜单中选择"新建"→"虚拟目录"，单击"下一步"按钮，在"别名"文本框中输入"asp"。
② 单击"下一步"按钮，输入或选择目录路径"D:\asp"。

③ 单击"下一步"按钮，勾选"读取"和"运行脚本"复选框。

④ 单击"下一步"按钮，完成虚拟目录的创建。

提示：设置 Web 共享属性可快速创建虚拟目录。方法：在资源管理器中右击"asp"文件夹，选择"属性"，单击"Web 共享"选项卡，选中"共享这个文件夹"单选按钮，打开"编辑别名"对话框，在文本框中输入别名"asp"，单击"确定"按钮。

（6）启动、停止和暂停 Web 服务。

① 单击"开始"→"程序"→"管理工具"→"Internet 服务管理器"，打开"Internet Information Services(IIS)管理器"窗口，展开"Internet 信息服务"节点和服务器节点。

② 右击默认的 Web 站点，选择相应命令。

4. 实训思考

如何通过配置 DNS 服务器实现在客户端用域名访问 Web 站点？

习 题

1. 选择题

（1）当 DHCP 客户端第一次启动或初始化 IP 地址时，将（　　）消息广播发送给本地子网。

    A．DHCPDISCOVER   B．DHCPREQUEST

    C．DHCPOFFER   D．DHCPPACK

（2）Internet 信息服务不包含（　　）。

    A．Web 服务   B．FTP 服务   C．SMTP 服务   D．DNS 服务

（3）DHCP 作用域被创建后，其作用域文件夹有 4 个子文件夹，其中存放可供分配的 IP 地址的是（　　）文件夹。

    A．地址租约   B．地址池   C．保留   D．作用域选项

（4）设置 DNS 服务器要经过以下 4 个环节，正确的顺序是（　　）。

①安装 DNS 服务　②配置 DNS 服务器　③创建区域　④添加资源记录

    A．①②③④   B．①③②④   C．④①②③   D．④③①②

2. 简答题

（1）DNS 是怎样运作的？

（2）为什么要对 IP 地址进行动态管理？

（3）简述 DHCP 的工作原理。

（4）如何新建与配置 Web 服务器？

（5）在一台主机上如何建立多个 Web 站点？

（6）说明站点、虚拟目录、C:\inetpub\wwwroot 三者的关系和区别。

（7）在一台主机上如何建立多个 FTP 站点？

第 **8** 章

网络安全

知识目标

- 了解网络安全基础知识
- 理解计算机病毒的基本概念、原理及杀毒软件
- 掌握常用网络基本安全技术

技能目标

- 学会软件防火墙的安装和基本配置
- 能够使用常用的杀毒软件进行查毒和杀毒

素质目标

- 树立正确的网络安全观
- 培养遵纪守法的行为习惯和良好品质

网络安全是指网络系统的硬件、软件及系统中的数据受到保护，不因偶然的或者恶意的原因而遭到破坏、更改、泄露，系统连续、可靠、正常地运行，网络服务不中断。

8.1 网络安全概述

微课视频

随着计算机技术的日新月异，互联网正在以令人惊讶的速度改变着人们的生活，从政府到商业再到个人，互联网的应用无处不在，如政府部门信息系统、电子商务、网络炒股、网上银行、网上购物等。互联网所具有的开放性、国际性和自由性在增加应用自由度的同时，也带来了许多信息安全隐患，如何保护政府、企业和个人的信息不受他人的入侵，更好地增加互联网的安全性，是一个亟待解决的重大问题。

8.1.1 网络安全隐患

由于在互联网设计初期很少考虑到网络安全方面的问题，所以实现的互联网存在着许多

安全隐患，可能被人利用。网络安全隐患主要有以下几种。

1．黑客入侵

这里的黑客一般指一些恶意（一般是非法的）试图破解或破坏某个程序、系统及网络安全的人。黑客入侵他人计算机的目的一般是获取利益或证明自己的能力，他们利用自己在计算机方面的特殊才能可能会对网络安全造成极大的破坏。

2．计算机病毒的入侵

计算机病毒是对网络安全十分严重的威胁。计算机病毒的种类很多，通过网络传播的速度非常快，普通家用 PC 可能都被病毒入侵过。

3．陷阱和特洛伊木马

陷阱和特洛伊木马通过替换系统的合法程序，或者在合法程序中插入恶意代码以实现非授权进程，从而通过远程控制对感染病毒的计算机实施攻击。

4．内部人员攻击

内部人员攻击主要是指在信息安全处理系统范围内或对信息安全处理系统有直接访问权限的人对网络的攻击。

5．修改或删除关键信息

通过对关键信息进行一定的修改或删除，从而达到某种破坏网络的目的。

6．拒绝服务

当一个授权实体不能获得应有的对网络资源的访问或紧急操作被延迟时，就发生了拒绝服务。

7．人为地破坏网络设施，造成网络瘫痪

人为地从物理上对网络设施进行破坏，使网络不能正常运行。

8.1.2　网络攻击

在攻击网络之前，攻击者首先要寻找网络中存在的漏洞，漏洞主要存在于操作系统和计算机网络数据库管理系统中，找到漏洞后攻击者就会发起攻击。这里的攻击是指网络可能受到破坏的所有行为。攻击的范围从服务器到网络互联设备，再到特定主机，攻击的结果是使其无法实现应有的功能、完全被破坏、完全被控制等。

网络攻击从攻击行为上可分为以下两类。

（1）被动攻击：攻击者简单地监视所有信息流以获得某些秘密。这种攻击可以基于网络或者系统。这种攻击是最难被检测到的，对付这类攻击的重点是预防，主要手段是对数据加密。

（2）主动攻击：攻击者试图突破网络的安全防线。这种攻击涉及网络传输数据的修改或创建错误数据信息，主要攻击形式有假冒、重放、欺骗、消息篡改、拒绝服务等。这类攻击无法预防，但容易检测，所以对付这类攻击的重点是检测，而不是预防，主要手段有使用防火墙、入侵检测系统等。

8.1.3 网络基本安全技术

针对目前网络的安全形势，实现网络安全的基本技术主要有使用防火墙、数字加密、数字签名、身份认证等，这些措施能在一定程度上增强网络的安全性。

微课视频

（1）防火墙：设置在被保护的内部网络和有危险的外部网络之间的一道屏障，系统管理员按照一定的规则控制数据包在内外网之间的进出。

（2）数字加密：该技术通过对传输的信息进行一定的重新组合，实现只有通信双方才能识别原有信息。

（3）数字签名：可以被用来证明数据的真实发送者，而且当数字签名用于存储的数据或程序时，可以用来验证其完整性。

（4）身份认证：用多种方式来验证用户的合法性，如密码技术、指纹识别、智能 IC（Integrated Circuit，集成电路）卡、网银 U 盾等。

8.2 计算机病毒与木马

计算机病毒是网络环境中破坏计算机功能或数据的"第一杀手"，其中木马则是一种典型的计算机病毒。

8.2.1 计算机病毒的基础知识

计算机病毒是指编写的或者在计算机程序中插入的破坏计算机功能或者数据，影响计算机使用并且能够自我复制的一组计算机指令或者程序代码。它能够通过某种途径潜伏在计算机存储介质（或程序）中，当达到某种条件时即被激活，具有对计算机资源进行破坏的作用。只要计算机接入互联网或插入移动存储设备，就有可能中计算机病毒。

1. 计算机病毒的特点

（1）寄生性：计算机病毒寄生在某个程序或指令中，当执行这个程序或指令时，计算机病毒会起破坏作用，而在未启动这个程序或指令之前，它是不易被人发觉的。

（2）传染性：计算机病毒不但本身具有破坏性，还具有传染性，一旦计算机病毒被复制或产生变种，其传染速度之快令人难以预防。

（3）隐蔽性：计算机病毒具有很强的隐蔽性，有的可以通过杀毒软件查出来，有的根本查不出来，有的则时隐时现、变化无常，这类计算机病毒处理起来通常很困难。

（4）潜伏性：计算机病毒入侵后，一般不会立即发作，需要等待一段时间，只有在满足其特定条件时计算机病毒才启动其表现模块，显示发作信息或对系统进行破坏。计算机病毒的触发器可以分为利用系统时钟提供的时间作为触发器和利用病毒体自带的计数器作为触发器两种。

（5）破坏性：计算机中病毒后，凡是利用软件手段能触及计算机资源的地方均可能遭到计算机病毒的破坏。其表现为：占用 CPU 系统开销，从而造成进程堵塞；对数据或文件进行破坏；打乱屏幕的显示；无法正常启动系统等。

2．计算机病毒的分类

综合计算机病毒本身的技术特点、攻击目标、传播方式等各个方面，一般情况下，可将计算机病毒大致分为传统病毒、宏病毒、恶意脚本、木马程序、黑客程序、蠕虫病毒、破坏性程序。

（1）传统病毒：能够感染的程序。通过改变文件或者其他设置进行传播，通常包括感染可执行文件的文件型病毒和感染磁盘引导区的引导型病毒，如 CIH 病毒。

（2）宏病毒：利用 Word、Excel 等的宏脚本功能进行传播的病毒，如著名的梅丽莎病毒（Macro. Melissa）。

（3）恶意脚本：进行破坏的脚本，包括 HTML（HyperText Markup Language，超文本标记语言）脚本、批处理脚本、Visual Basic 和 JavaScript 脚本等，如欢乐时光（Vbs_Happytime.A）。

（4）木马程序：当病毒程序被激活或启动后用户无法终止其运行。广义上说，所有的网络服务程序都是木马，判定是不是木马病毒的标准无法确定。通常的木马病毒是在用户不知情的情况下安装的服务器程序，隐藏在后台，服务器端一般没有界面，无法配置，如 QQ 盗号木马。

（5）黑客程序：利用网络攻击其他计算机的网络工具，被运行或激活后就像其他正常程序一样提供界面。黑客程序用来攻击和破坏别人的计算机，对使用者自己的计算机没有损害。

（6）蠕虫病毒：蠕虫病毒是一种可以利用操作系统的漏洞、电子邮件、P2P 软件等自动传播自身的病毒，如冲击波。

（7）破坏性程序：病毒启动后，破坏用户的计算机系统，如删除文件、格式化硬盘等。常见的是.bat 文件，也有一些是可执行文件，还有一部分是和恶意网页结合使用。

8.2.2 计算机病毒的工作原理

1．文件型病毒的工作原理

文件型病毒通过网络、U 盘和光盘等载体传播，主要感染.exe 和.dll 等可执行文件和动态链接库文件，当染毒文件被运行时，病毒就进入内存，并获取内存控制权，开始感染所有之后运行的文件。例如运行了 Word.exe，则该文件被感染，病毒进行自我复制，加在 Word.exe 文件的后面，会使该文件长度增加 1KB 到几 KB。随着时间的推移，病毒会继续感染之后运行的文件，周而复始，时间越长，染毒文件就越多。到了一定时间，病毒开始发作（根据病毒作者定义的条件，有的是时间，如 CIH，有的是感染规模等），执行病毒作者定义的操作，如无限复制而占用系统资源、删除文件、将自己向网络传播甚至格式化磁盘等。

2．引导型病毒的工作原理

引导型病毒感染的不是文件，而是磁盘引导区，它把自己写入引导区，这样，只要磁盘被读写，病毒就首先被读取至内存。当计算机启动时病毒会随计算机系统一起启动（这点和 QQ 开机启动原理差不多），接下来，病毒获得系统控制权，改写操作系统文件，隐藏自己，让后启动的杀毒软件难以找到自己，这样引导型病毒就可以根据自己的病毒特性进行相应操作。

8.2.3　木马攻击原理

木马的全称是特洛伊木马，是一种恶意程序。它悄悄地在宿主机器上运行，可在用户毫无察觉的情况下，让攻击者获得远程访问和控制用户计算机的权限。

木马有一些明显的特点。它的安装和操作都是隐蔽完成的，用户无法察觉。攻击者常把木马隐藏在一些软件或游戏中，诱使用户在自己的计算机上运行。最常见的情况是，用户从不正规的网站下载和运行了带恶意代码的软件、游戏，或者不小心点击了带恶意代码的邮件附件。

大部分木马包括客户端和服务器端两个部分。攻击者利用一种称为绑定程序的工具将木马服务器部分绑定到某个合法软件上，只要用户一运行该软件，木马服务器部分就会在用户毫无察觉的情况下完成安装。当服务器端程序在被感染的机器上成功运行以后，会通知客户端用户已被控制，攻击者就可以利用客户端与服务器端建立连接（这种连接大部分是 TCP连接，少量木马用 UDP 连接）。攻击者利用客户端程序向服务器程序发送命令，并进一步控制被感染的计算机。被感染的计算机又可以作为攻击端，对网络中的其他计算机发起攻击。此过程如图 8.1 所示。

图8.1　木马攻击原理

因为客户端和服务器端可以通过程序设计实现不同的功能，网络上的木马有很多种，比较著名的有"冰河""灰鸽子""QQ 盗号木马"等。

8.2.4　常见 autorun.inf 文件

autorun.inf 文件本身并不是一个病毒文件，它可以实现双击盘符自动运行某个程序的功能，但是很多病毒利用这个文件的特点，自动运行一些病毒程序。当硬盘或 U 盘在被双击时弹出图 8.2 所示的对话框，计算机很可能已经中病毒。

之所以打不开硬盘或 U 盘，都是因为 autorun.inf 文件。下面介绍叫作 icnskem.exe 的病毒的 autorun.inf 文件，其图标如图 8.3 所示。

autorun.inf 文件可以双击打开，或者把名称改为 autorun.txt 再打开，打开以后可以看到图 8.4 所示的内容。如果双击打开，病毒 icnskem.exe 会自动运行；如果在盘符上右击，选择"打开"命令，也会运行 icnskem.exe。读者可以将这个病毒的 autorun.inf 文件和"熊猫烧香"病毒的 autorun.inf 文件进行对比。

图8.2　打开方式

图8.3　autorun.inf文件图标　　　　　　图8.4　autorun.inf文件的内容

8.2.5　杀毒软件的工作原理

病毒是用某种语言写出来的一段代码，每种病毒都会具有一些独一无二的特征，叫作病毒特征码。当病毒通过网络传播后，软件公司得到病毒样本，开始分析样本，找到病毒特征码，然后更新其病毒库，令其在杀毒时也查找这种病毒特征码，然后通知用户升级其杀毒软件。用户升级，再杀毒，结果该病毒被"杀死"，同时新的病毒被发现，周而复始。

杀毒软件的核心技术是杀毒引擎，每种杀毒软件的杀毒引擎都有自己独特的技术（算法）对磁盘文件进行高速检查，因为每个公司的杀毒引擎算法各有不同，杀毒的效果和时间也有所区别，一般来说，提高病毒判断的准确性是以牺牲查毒时间为代价的，所以，可能有的软件查不出来的病毒其他的软件可以查出。

8.3　防火墙

微课视频

防火墙（Firewall）作为网络安全重要的保护屏障，是目前企业网络安全的主要手段。

8.3.1　防火墙的基本概念

防火墙是网络安全的保障，可以实现内部可信任网络与外部不可信任网络（互联网）之间或内部网络不同区域之间的隔离与访问控制，阻止外部网络中的恶意程序访问内部网络资源，防止更改、复制、损坏用户的重要信息。防火墙位置如图 8.5 所示。

图8.5　防火墙位置

防火墙是一种网络安全保障方式，主要目的是通过检查入、出一个网络的所有连接，来防止某个需要保护的网络遭受外部网络的干扰和破坏。从逻辑上讲，防火墙是一个分离器、限制器、分析器，可有效地检查内部网络和外部网络之间的任何活动；从物理上讲，防火墙是集成在网络特殊位置的一组硬件设备——路由器和三层交换机、PC 之间。防火墙可以是一个独立的硬件系统，也可以是一个软件系统。

8.3.2　防火墙的分类

防火墙的分类方法有很多种，按照工作的网络层次和作用对象可分为 4 种类型。

1. 包过滤防火墙

包过滤防火墙根据预先静态定义好的规则审查内、外网之间通信的数据包是否与自己定义的规则（分组包头源地址、目的地址端口号、协议类型等）相一致，从而决定是否转发数据包。包过滤防火墙工作于网络层和传输层，可将满足规则的数据包转发到目的端口，不满足规则的数据包则被丢弃。许多规则是可以复合定义的。包过滤防火墙如图 8.6 所示。

图8.6　包过滤防火墙

包过滤防火墙的优点如下。

（1）不用改动用户主机上的客户端程序。

（2）可以与现有设备集成，也可以通过独立的包过滤软件实现。

（3）成本低廉、速度快、效率高，可以在很大程度上满足企业的需求。

包过滤防火墙的缺点如下。

（1）工作在网络层和传输层，不能检测对高层的攻击。

（2）如果使用很复杂的规则，会大大降低工作效率。

（3）需要手动建立安全规则，要求管理人员清楚了解网络需求。

（4）包过滤主要依据 IP 包头中的各种信息，但 IP 包头信息可以被伪造，这样攻击就可以轻易地绕过包过滤防火墙。

2. 应用程序代理防火墙

应用程序代理防火墙又称为应用网关防火墙，可在网关上执行一些特定的应用程序和服务器程序，实现协议的过滤和转发功能。它工作于应用层，掌握着应用系统中可作为安全决策的全部信息。其特点是完全阻隔网络信息流，当一个远程用户希望和网内的用户通信时，应用网关会阻隔通信信息，然后对这个通信数据进行检查，若数据符合要求，应用网关会作为一个桥梁转发通信数据。应用程序代理防火墙如图 8.7 所示。

图8.7 应用程序代理防火墙

3. 复合型防火墙

出于对更高安全性的要求，常把基于包过滤的方法与基于应用程序代理的方法结合起来形成复合型防火墙。这种结合通常是以下两种方案。

（1）屏蔽主机防火墙体系结构：在该结构中，分组过滤路由器或防火墙与 Internet 相连，同时一个堡垒主机安装在内部网络，通过在分组过滤路由器或防火墙上设置过滤规则，使堡垒主机成为 Internet 上其他节点所能到达的唯一节点，从而确保内部网络不受未授权外部用户的攻击。

（2）屏蔽子网防火墙体系结构：堡垒主机放在一个子网内形成非军事区，两个分组过滤路由器放在该子网的两端，使该子网与 Internet 及内部网络分离。在屏蔽子网防火墙体系结构中，堡垒主机和分组过滤路由器共同构成整个防火墙的安全基础。

4. 个人防火墙

目前网络上有许多个人防火墙软件，很多都集成在杀毒软件当中，它是应用程序级的，在某一台计算机上运行，保护其不受外部网络的攻击。

一般的个人防火墙都具有"学习"机制，也就是说一旦主机防火墙收到一种新的网络通信要求，它会询问用户是允许还是拒绝，并应用于以后该类要求的网络通信。现在很多杀毒软件都集成相应防火墙功能。

8.3.3　网络地址转换技术

网络地址转换（Network Address Translation，NAT）的作用原理就是通过替换一个数据包的源地址和目的地址，来保证这个数据包能被正确识别。具体地说，通过这种地址映射技术，内部计算机上使用私有地址（10.0.0.0～10.255.255.255，172.16.0.0～172.16.255.255，192.168.0.0～192.168.255.255），当内部计算机通过路由器向外部网络发送数据包时，私有地址被转换成合法的 IP 地址（全局地址）在 Internet 上使用，最少只需一个合法外部 IP 地址，就可以实现私有地址网络内所有计算机与 Internet 的通信。这一个或多个合法外部 IP 地址，可以代表整个内部网络与外部网络进行通信，如图 8.8 所示。

图8.8　内、外网之间的通信

私有地址作为内部网络使用的 IP 地址，是不会在互联网通信中使用的，所以不同的局域网在共享上网的时候可以重复使用私有地址。因此，NAT 技术不仅可以很好地解决目前 IPv4 地址不足的现实问题，也因为能有效地隐藏内部网络中的计算机，从而避免内部网络被外部网络攻击，提高了网络的安全性。

一般 NAT 技术都在路由器上实现，所以在互联网的通信中，路由器的路由表里是不可能出现私有地址的。

NAT 技术的缺点是需要转换每个通信数据包包头的 IP 地址而导致网络延迟增加，而且当内部网络用户过多时，NAT 的服务质量就不能保证了。

8.4　数字加密与数字签名

数字加密和数字签名都是防御网络攻击的手段，数字加密可以保证数据的机密性，而数字签名可以保证数据的完整性。

8.4.1　数字加密

1．数字加密的原理

在现实的网络中，要想让其他人无法窃取某个数据是非常困难的，比较现实的一种方法就是采用数字加密技术，也就是说，即使别人得到这个数据，也会因为无法解密这个被加密的数据，而无法了解它的意思。

微课视频

数字加密是指将原始的数据通过一定的加密方式加密成非授权人难以理解的数据，授权人在接收到加密数据后，会利用自己知道的解密方式把数据还原成原始数据。

下面介绍一些数字加密的常用术语。

（1）明文：没有加密的原始数据。

（2）密文：加密后的数据。

（3）加密：把明文转换成密文的过程。

（4）解密：把密文转换成明文的过程。

（5）算法：加密或解密过程中使用的一系列运算方式。

（6）密钥：用于加密或解密的字符串。

图 8.9 所示为简单的加密与解密模型，通过这个模型，能清楚地了解加密和解密的过程。

图8.9　简单的加密与解密模型

2. 经典的数字加密技术

经典的数字加密技术主要包括替换加密和换位加密两种。

（1）替换加密：用某个字母替换另一个字母，替换的方式事先确定，例如替换方式是字母按顺序往后移 5 位，例如，hello 在网络中传输时就用 mjqqt。这种加密方式比较简单，密钥就是 5，接收者只需将每个字符的 ASCⅡ值减去 5，再做模 26 的求余运算即可得到原始数据。

（2）换位加密：按照一定的规律重新排列传输数据。例如预先设置换位的顺序是 4213，明文 bear 在网络中传输时就是 reba。这种加密方式也比较简单，曾经被大量使用，但是由于计算机的运算速度提高得很快，可以利用穷举法破译密文，因此，这种加密方式的加密性较弱，只要加密方式泄露，任何人都可以解密密文。

3. 秘密密钥与公开密钥加密技术

（1）秘密密钥技术：也叫作对称密钥加密技术。在这种技术中，将算法内部的转换过程设计得非常复杂，而且有很长的密钥，密文的破解非常困难，即使被破解，也会因为没有密钥而无法解读。这种技术最大的特点就是把算法和密钥分开进行处理，密钥最为关键，而且在加密和解密过程中使用的密钥相同。秘密密钥的加密与解密模型如图 8.10 所示。

图8.10　秘密密钥的加密与解密模型

较著名的秘密密钥加密算法是数据加密标准（Data Encryption Standard，DES）。该算法的基本思想是将明文分割成64位的数据块，并在一个64位的密钥控制下，对每个64位明文块加密，最后形成整个密文。

（2）公开密钥加密技术：也叫作非对称密钥加密技术。公开密钥加密技术在加密和解密过程中使用两个不同的密钥，这两个密钥在数学上是相关的，它们成对出现，但互相不能破解。这样接收者可以公开自己的加密密钥，发送者可以利用它来进行加密，而只有拥有解密密钥的授权接收者才能把数据解密成原文。公开密钥的加密与解密模型如图 8.11 所示。

图8.11　公开密钥的加密与解密模型

较著名的公开密钥加密算法是RSA，该算法的名称由3位该算法发明者罗纳德·李维斯特（Ron Rivest）、阿迪·萨莫尔（Adi Shamir）和伦纳德·阿德曼（Leonard Adleman）的姓氏首字母组成。该算法的基本思想是在生成的一对密钥中，任何一个都可以作为加密或解密密钥，另一个相反，一个密钥公开供发送者加密使用，另一个密钥严格被接收者保密，当接收者收到密文时，用于解密加密数据。

8.4.2　数字签名

数字加密主要用于防止信息在传输过程中被其他人截取利用，而如何确定发送信息的人的身份，则需要用数字签名来解决。

数字签名是指在计算机网络中，用电子签名来代替纸质文件或协议的签名，以保证信息的完整性、真实性和发送者的不可否认性。

目前使用较多的是利用报文摘要和公开密钥加密技术相结合的方式进行数字签名。

1. 报文摘要

报文摘要的设计思想是把一个任意长度的明文转换成一个固定长度的比特串，在签名时，只要对这个比特串签名即可，不用对整个明文进行签名。

将明文转换为固定长度比特串的方法是利用单向散列函数。单向散列函数具有以下特性。

（1）处理任意长度的数据，生成固定大小的比特串。

（2）生成的比特串是不可预见的，看上去与原始明文没有任何联系，原始明文有任何变化，新的比特串会与原来的不同。

（3）生成的比特串具有不可逆性，不能将它还原成原始明文。

目前使用较多的报文摘要算法有 MD5 算法、SHA 算法（SHA-1、SHA-256、SHA-512）等。

2. 数字签名的过程

数字签名的过程如图 8.12 所示。

（1）发送端利用单向散列函数把明文转换成消息摘要。

（2）发送端利用自己的私钥对消息摘要进行签名，生成签名的消息摘要。

（3）发送端把明文和签名的消息摘要通过网络传输给接收端。

（4）接收端对明文和签名的消息摘要分别处理，明文通过单向散列函数转换为消息摘要，签名的消息摘要被接收端用发送端的签名公钥还原成消息摘要。

（5）把最后生成的两个消息摘要进行比较，判定数据的真实性和完整性。

图8.12　数字签名的过程

最后要说明一点就是数字加密和数字签名的区别，数字加密的发送者使用接收者的公钥加密，接收者使用自己的私钥解密；数字签名的发送者使用自己的私钥加密，接收者使用发送者的公钥解密。

本章小结

本章主要阐述了计算机病毒的概念、特点和类型，同时简要介绍了防火墙技术、数字加密和数字签名等网络安全防护知识。通过对本章内容的学习和理解，读者能掌握计算机网络安全防护知识，做好对常见计算机病毒的防范工作。

实训　ACL 配置

1. 实训目的

掌握路由器动态路由 OSPF 和 ACL 的配置命令。

2. 实训环境

Cisco Packet Tracer 模拟软件。

3. 实训内容

实训内容包括：（1）配置路由器基本信息；（2）配置路由器动态路由 OSPF；（3）配置路由器 ACL。

实训过程如下。

实训拓扑结构如图 8.13 所示。

地址分配如表 8.1 所示。

图8.13 实训拓扑结构

表8.1 地址分配

设备	接口	IP 地址	子网掩码	默认网关
R1	Fa0/0	192.168.10.1	255.255.255.0	不适用
	Fa0/1	192.168.11.1	255.255.255.0	不适用
	S0/0/0	10.1.1.1	255.255.255.252	不适用
R2	Fa0/0	192.168.20.1	255.255.255.0	不适用
	S0/0/0	10.1.1.2	255.255.255.252	不适用
	S0/0/1	10.2.2.1	255.255.255.252	不适用
	Lo0	209.165.200.225	255.255.255.255	不适用
R3	Fa0/0	192.168.30.1	255.255.255.0	不适用
	S0/0/1	10.2.2.2	255.255.255.252	不适用
PC1	网卡	192.168.10.10	255.255.255.0	192.168.10.1
PC2	网卡	192.168.11.10	255.255.255.0	192.168.11.1
PC3	网卡	192.168.30.10	255.255.255.0	192.168.30.1
Web Server	网卡	192.168.20.254	255.255.255.0	192.168.20.1

任务 1　配置路由器基本信息

按照图 8.13 和表 8.1 配置相应路由器接口及 PC 基本信息。注意配置 R1 的 S0/0/0 接口和 R2 的 S0/0/1 接口作为 DCE（Data Communication Equipment，数据通信设备）接口，需要设置时钟频率（例如 clock rate 64000）。

任务 2　配置路由器动态路由 OSPF

操作命令如下。

```
R1 (config)#router ospf 1 //使用 ID 为 1 的进程在 R1 上为所有直联网络启用 OSPF
R1 (config-router)#network 192.168.10.0 0.0.0.255 area 0  //声明直联网段
192.168.10.0 在主干区域 0
R1 (config-router)#network 192.168.20.0 0.0.0.255 area 0
R1 (config-router)#network 10.1.1.0 0.0.0.3 area 0

R2 (config)#router ospf 1
R2 (config-router)#network 192.168.20.0 0.0.0.255 area 0
R2 (config-router)#network 10.1.1.0 0.0.0.3 area 0
R2 (config-router)#network 10.2.2.0 0.0.0.3 area 0

R3 (config)#router ospf 1
R3 (config-router)#network 10.2.2.0 0.0.0.3 area 0
R3 (config-router)#network 192.168.30.0 0.0.0.3 area 0
```

任务 3　配置路由器标准 ACL

本任务要配置一个标准 ACL，阻止来自 192.168.11.0/24 网络的流量。此 ACL 将应用于 R3 串行接口的入站流量。请记住，每个 ACL 都有一条隐式的 "deny all" 语句，这会导致不匹配 ACL 中任何语句的所有流量都受到阻止。因此，请在该 ACL 末尾添加 "permit any" 语句。

步骤 1：创建 ACL。

```
R3 (config)# access-list 1 deny 192.168.11.0 0.0.0.255  //创建 1 号的标准 ACL 并拒
绝源地址为 192.168.11.0/24 的任何数据包
R3 (config)# access-list 1 permit any      //允许所有其他流量
```

步骤 2：应用 ACL。

应用 ACL，过滤通过串行接口 S0/0/1 进入 R3 的数据包。

```
R3 (config)#interface s0/0/1
R3 (config-if)#ip access-group 1 in
```

步骤 3：测试 ACL。

从 PC2 ping PC3，以此测试该 ACL。由于该 ACL 的目的是阻止源地址属于 192.168.11.0/24 网络的流量，因此 PC2（192.168.11.10）应该无法 ping 通 PC3。

在 R3 的特权执行模式下，执行 "show access-lists" 命令，查看标准 ACL。

任务 4　配置路由器扩展 ACL

需要更高的精度时，应该使用扩展 ACL。扩展 ACL 过滤流量的依据不仅仅限于源地址。扩展 ACL 可以根据协议、源 IP 地址、目的 IP 地址，以及源端口号和目的端口号过滤流量。

规则：只允许 192.168.10.0/24 局域网中的设备访问内部网络，而不允许此局域网中的计算机访问 Internet。因此，必须阻止这些用户访问 IP 地址 209.165.200.225。由于此要求的实施涉及源 IP 地址和目的 IP 地址，因此需要使用扩展 ACL。

本任务需要在 R1 上配置扩展 ACL，阻止 192.168.10.0/24 局域网中任何设备访问 209.165.200.225 主机。此扩展 ACL 将应用于 R1 S0/0/0 接口的出站流量。

步骤 1：配置扩展 ACL。

```
R1 (config)#access-list 101 deny ip 192.168.10.0 0.0.0.255 host 209.165.200.225
//创建 101 号的扩展 ACL 并阻止从 192.168.10.0/24 到逻辑接口 loopback0（这里代表互联网端口）的流量
```

前面讲过，如果没有"permit"语句，隐式"deny all"语句会阻止所有其他流量。因此，应添加"permit"语句，确保其他流量不会受到阻止。

```
R1 (config)#permit ip any any
```

步骤 2：应用 ACL。

如果是标准 ACL，最好将其应用于尽量靠近目的 IP 地址的位置，而扩展 ACL 则通常应用于靠近源 IP 地址的位置。101 号扩展 ACL 将应用于串行接口并过滤出站流量。

```
R1 (config)#interface s0/0/0
R1 (config-if)#ip access-group 101 out
```

步骤 3：测试 ACL。

从 PC1 ping R2 的逻辑接口 loopback0。这些 ping 会失败，因为来自 192.168.10.0/24 局域网的流量只要目的 IP 地址为 209.165.200.225，都会被过滤掉。如果 ping 其他任何目的 IP 地址，则应该成功。

习　题

1. 单选题

（1）大部分木马包括（　　）两部分。
　　A. 木马头和木马尾　　　　　　　　B. 客户端和服务器端
　　C. 源程序和木马体　　　　　　　　D. 数据头和数据尾
（2）防火墙可以位于下列哪些设备中，除了（　　）。
　　A. 路由器　　　B. 打印机　　　C. PC　　　D. 三层交换机
（3）常用的公开密钥加密算法是（　　）。
　　A. DES　　　B. EDS　　　C. RSA　　　D. RAS

2. 填空题

（1）网络基本安全技术包括_____、_____、_____、_____。

（2）计算机病毒分为 7 类，分别是_____、_____、_____、_____、_____、_____、_____。

（3）防火墙按照工作的网络层次和作用对象来分，分为_____、_____、_____、_____。

3. 简答题

（1）网络攻击分为哪两种，具体含义是什么？

（2）简述杀毒软件的工作原理。

（3）简述 NAT 技术。

第 **9** 章

云计算技术

知识目标

- 了解云计算基本概念
- 了解云计算主流解决方案

技能目标

- 了解云计算的核心技术
- 认识当前主流云计算平台

素质目标

- 具备主动适应新技术的品质
- 培养独立思考、不断进取的探索精神

云计算的定义有多种。对于到底什么是云计算，现阶段广为接受的是美国国家标准与技术研究院（NIST）的定义：云计算是一种按使用量付费的模式，这种模式提供可用的、便捷的、按需的网络访问，进入可配置的计算资源共享池（资源包括网络、服务器、存储、应用软件、服务），这些资源能够被快速提供，只需投入很少的管理工作，或与服务供应商进行很少的交互。

9.1 云计算基本概念

狭义的云计算是指 IT 基础设施的交付和使用模式，指通过网络以按需、易扩展的方式获得所需的资源（硬件、平台、软件）。提供资源的网络被称为"云"。"云"中的资源在使用者看来是可以无限扩展的，并且可以随时获取、按需使用、随时扩展、按使用付费。

广义的云计算是指服务的交付和使用模式，指通过网络以按需、易扩展的方式获得所需的服务。这种服务可以是 IT 和软件、互联网相关的，也可以是任意其他的服务。这就好比是从古老的单台发电机模式转向了电厂集中供电的模式。它意味着计算能力也可以作为一种商品进行流通，就像煤气、水、电一样，取用方便，费用低廉。最大的不同在于，它是通过互联网进行传输的。

云计算的核心思想是：将大量用网络连接的计算资源统一管理和调度，构成一个计算资源池向用户按需提供服务，如图 9.1 所示。

图9.1　云计算示意

云计算是继 20 世纪 80 年代大型计算机到客户-服务器的大转变之后的又一种巨变，它描述了一种基于互联网的新的 IT 服务增加、交付和使用模式，通常涉及通过互联网来提供动态的、易扩展的且常常是虚拟化的资源。

9.2　云计算特点

1. 超大规模

"云"具有相当大的规模。谷歌云计算已经拥有 100 多万台服务器，亚马逊（Amazon）、IBM、微软和雅虎（Yahoo）等公司的"云"均拥有几十万台服务器。"云"能赋予用户前所未有的计算能力。大型企业的私有云一般拥有上千台服务器。公有云的规模则更加庞大。图 9.2 所示为亚马逊云计算服务器机房一角。

图9.2　亚马逊云计算服务器机房一角

2. 虚拟化

云计算支持用户在任意位置、使用各种终端设备获取服务。所请求的资源来自"云"，而不是固定的有形体。应用在"云"中某处运行，但实际上用户无须了解其运行的具体位置，只需要一台终端设备就可以通过网络来获取各种能力超强的服务。

3. 按需服务

"云"是庞大的资源池，用户按需购买服务，像水、电和煤气那样，按需购买"云"的计算能力、存储能力等。

4. 高可靠性

"云"使用了数据多副本容错、计算节点同构可互换等措施来保障服务的高可靠性，当任一节点数据受损时，可以从其他副本进行恢复，因此使用云计算比使用本地计算机更加可靠。

5. 通用性

云计算不针对特定的应用，在"云"的支撑下可以构造出千变万化的应用，同一片"云"可以同时支撑不同的应用运行。

6. 高性价比

"云"的特殊容错措施使得可以采用极其廉价的节点来构成"云"。"云"的自动化管理使数据中心管理成本大幅降低。"云"具有前所未有的高性价比。

7. 高可扩展性

"云"的规模可以动态伸缩，满足应用和用户规模增长的需求。

8. 潜在的危险性

云计算服务除了提供计算服务，还必然提供存储服务。但是云计算服务当前垄断在私人机构（企业）手中，而他们仅仅能够提供商业信用。对于政府机构、商业机构（特别像银行这样持有敏感数据的商业机构），对于选择云计算服务应保持足够的警惕性。一旦商业用户大规模使用私人机构提供的云计算服务，无论其技术优势有多强，都不可避免地出现安全隐患。对信息社会而言，"信息"是至关重要的。云计算中的数据对于数据所有者以外的其他云计算用户是保密的，但是对提供云计算的商业机构而言确实毫无秘密可言。所有这些潜在的危险，是商业机构和政府机构选择云计算服务，特别是国外机构提供的云计算服务时，不得不考虑的一个重要的前提。

9.3　网格计算与云计算的关系

网格（Grid）是 20 世纪 90 年代中期发展起来的下一代因特网核心技术，网格是在网络基础上，基于 SOA（Service Oriented Architecture，面向服务架构），使用互操作、按需集成等技术手段，将分散在不同地理位置的资源虚拟成为一个有机整体，实现计算、存储、数据、软件和设备等资源的共享，从而大幅提高资源的利用率，使用户获得前所未有的计算和信息能力。

网格计算的思路是聚合分布资源，支持虚拟组织（Virtual Organization，VO），提供高层次的服务，例如分布式协同科学研究等。而云计算的资源相对集中，主要以数据中心的形式提供底层资源的应用，并不强调虚拟组织的概念。

网格计算用聚合资源来支持具有挑战性的应用，这是初衷，由于高性能计算的资源不够用，要把分散的资源聚合起来；自 2004 年以后逐渐强调适应普遍的信息化应用，特别是我国也重点支持这类应用。但云计算从一开始就支持广泛企业计算、Web 应用，普适性更强。

在对待异构性方面，网格计算和云计算在理念上有所不同。网格计算用中间件屏蔽异构系统，力图使用户面向一样的环境，把困难留在中间件，让中间件完成任务。而云计算实际上承认异构，用镜像执行异构，或者提供服务的机制来解决异构性的问题。

网格计算采用执行作业形式，在一个阶段内完成作业、产生数据、并返回给用户。而云计算支持持久服务，用户能够利用云计算作为其部分 IT 基础设施，实施业务的托管和外包。

网格计算更多地面向科研应用，商业模型不清晰。而云计算从诞生开始就是针对企业商业应用的，商业模型比较清晰。总之，云计算是以相对集中的资源，运转分散的应用；而网格计算则是聚合分散的资源，支持大型集中式应用。

网格计算与云计算的关系，就像 OSI 参考模型与 TCP/IP 体系结构之间的关系，两者相互促进，协同发展，没有网格计算打下的基础，云计算不会这么快到来。

网格计算以科学研究为主，非常重视标准规则，也非常复杂，实现起来难度大，而且缺乏成功的商业模式。云计算是网格计算的一种简化形态，可以说云计算的成功也体现了网格计算的成功。

9.4　云计算服务

根据资源和服务的特征来区分，云计算包括以下几个层次的服务：基础设施即服务（Infrastructure as a Service，IaaS）、平台即服务（Platform as a Service，PaaS）和软件即服务（Software as a Service，SaaS），一般将它们统一简称为 XaaS。

1. IaaS

消费者通过 Internet 可以从完善的计算机基础设施获得服务，例如硬件服务器租用。最具代表性的产品和服务有 Amazon EC2、IBM Blue Cloud、Cisco UCS 等。

2. PaaS

PaaS 实际上是指将软件研发的平台作为一种服务，以 SaaS 的模式提交给用户。因此，PaaS 也是 SaaS 模式的一种应用。但是，PaaS 的出现可以加快 SaaS 的发展，尤其是加快 SaaS 应用的开发速度。例如 Google App Engine、Windows Azure Platform 和 Heroku。

3. SaaS

SaaS 是一种通过 Internet 提供软件的模式，用户无须购买软件，而是向提供商租用基于 Web 的软件，来管理企业经营活动。例如百度网盘等网络存储服务。

这 3 种服务所代表的云计算层次体系如图 9.3 所示。

图9.3　云计算层次体系

9.5　云计算核心技术

云计算是一种以数据和处理能力为中心的密集型计算模式，其中以虚拟化、分布式数据存储、分布式资源管理、编程模式、大规模数据管理、云计算平台管理等技术最为关键。

1. 虚拟化

虚拟化是云计算最重要的核心技术之一，它为云计算服务提供基础架构层面的支撑。

从技术上讲，虚拟化是一种在软件中仿真计算机硬件，以虚拟资源为用户提供服务的计算形式，旨在合理调配计算机资源，使其更高效地提供服务。它把应用系统各硬件间的物理划分打破，从而实现架构的动态化，实现物理资源的集中管理和使用。虚拟化的最大好处是增强系统的弹性和灵活性，降低成本、改进服务、提高资源利用率。

从表现形式上看，虚拟化又分为两种应用模式。一是将一台性能强大的服务器虚拟成多台独立的小服务器，服务不同的用户；二是将多台服务器虚拟成一台强大的服务器，完成特定的功能。这两种模式的核心都是统一管理、动态分配资源、提高资源利用率。在云计算中，这两种模式都有比较多的应用。

2. 分布式数据存储、分布式资源管理

云计算的另一大优势就是能够快速、高效地处理海量数据。为了保证数据的高可靠性，云计算通常会采用分布式数据存储技术，将数据存储在不同的物理设备中。

分布式数据存储与传统的网络存储并不完全一样，传统的网络存储系统采用集中的存储服务器存放所有数据，存储服务器成为系统性能的瓶颈，不能满足大规模存储应用的需求。分布式数据存储系统采用可扩展的系统结构，利用多台存储服务器分担存储负荷，利用位置服务器定位存储信息，它不但可提高系统的可靠性、可用性和存取效率，还易于扩展。

在当前的云计算领域，Google公司的GFS（Google File System，Google 文件系统）和Hadoop团队开发的开源系统HDFS（Hadoop Distributed File System，Hadoop 分布式文件系

统）是比较流行的两种云计算分布式数据存储系统。云计算采用分布式数据存储技术存储数据，那么自然要引入分布式资源管理技术。在多节点的并发执行环境中，各个节点的状态需要同步，并且在单个节点出现故障时，系统需要有效的机制保证其他节点不受影响。而分布式资源管理系统恰恰是这样的技术，它是保证系统状态的关键。

另外，云计算系统所处理的资源往往非常庞大，少则几百台服务器，多则上万台服务器，同时可能跨越多个地域，且云平台中运行的应用也数以千计，如何有效地管理这些资源，保证它们正常提供服务，需要强大的技术支撑。因此，分布式资源管理技术的重要性可想而知。

3. 编程模式

从本质上讲，云计算采用多用户、多任务、支持并发处理的系统。高效、简捷、快速是其核心理念，它旨在通过网络把强大的服务器计算资源方便地分发给终端用户，同时保证低成本和良好的用户体验。在这个过程中，编程模式的选择至关重要。云计算项目中分布式并行编程模式将被广泛采用。

分布式并行编程模式创立的初衷是更高效地利用软硬件资源，让用户更快速、更简单地使用应用或服务。在分布式并行编程模式中，后台复杂的任务处理和资源调度对用户来说是透明的，这样用户体验能够大大提升。MapReduce 是当前云计算主流并行编程模式之一。MapReduce 模式将任务自动分成多个子任务，通过 Map（映射）和 Reduce（归约）两个函数实现基本的并行计算任务，完成大规模数据的编程和计算处理。

4. 大规模数据管理

处理海量数据是云计算的一大优势。那么如何处理则涉及很多层面，因此高效的数据处理技术也是云计算不可或缺的核心技术之一。对云计算来说，数据管理面临巨大的挑战。云计算不仅要保证数据的存储和访问，还要能够对海量数据进行特定的检索和分析。由于云计算需要对海量的分布式数据进行处理、分析，因此，数据管理技术必须能够实现对大量数据的高效管理。

Google 公司的 BT（BigTable）数据管理技术和 Hadoop 团队开发的开源数据管理模块 HBase 是业界比较典型的大规模数据管理技术。

5. 云计算平台管理

云计算资源规模庞大，服务器数量众多并分布在不同的地点，同时运行着数百种应用，如何有效地管理这些服务器，保证整个系统提供不间断的服务是巨大的挑战。云计算系统的平台管理技术，需要具有高效调配大量服务器资源，使其更好协同工作的能力。其中，方便地部署和开通新业务、快速发现并且恢复系统故障、通过自动化和智能化手段实现大规模系统可靠的运营是云计算平台（书中也称为"云平台"）管理技术的关键。

对提供者而言，云计算可以有 3 种部署模式，即公有云、私有云和混合云。3 种模式对平台管理的要求大不相同。对用户而言，由于企业对于信息通信技术（Information and Communications Technology，ICT）资源共享的控制、对系统效率的要求以及 ICT 成本投入预算不尽相同，企业所需要的云计算系统规模及可管理性能也大不相同。因此，云计算平台管理方案要更多地考虑到定制化需求，能够满足不同场景的应用需求。

包括阿里巴巴、百度、腾讯、华为在内的许多厂商都有云计算平台管理方案推出。这些方案能够帮助企业实现基础架构整合，实现企业硬件资源和软件资源的统一管理、统一分配、统一部署、统一监控和统一备份，打破应用对资源的独占，让企业云计算平台价值得以充分发挥。

9.6　主流云平台

1. 国外云平台

当今国外云平台主要以美国亚马逊、微软、谷歌（Google）等公司的相关平台为代表。

亚马逊是最大的电子商务零售商，但也有云计算业务 Amazon Web Services（AWS）。AWS 是"安全的云服务平台，为企业的升级和发展提供计算能力、数据库存储、内容发布和其他功能"。亚马逊提供的云计算服务产品主要有弹性计算云（EC2）、简单存储服务（S3）、简单数据库服务（Simple DB）、简单队列服务（SQS）、弹性 MapReduce 服务、内容推送服务（CloudFront）、AWS 导入/导出、关系数据库服务（RDS）等。

微软公司以 Windows 和 Xbox 产品出名，但也有自己的云计算产品 Windows Azure。Windows Azure 定位为平台服务，是一套全面的集开发工具、服务和管理于一体的系统。它可以为开发者提供一个平台，并允许开发者使用微软全球数据中心的存储、计算能力和网络基础服务，从而开发出可运行在云服务器、数据中心、Web 和 PC 上的应用程序。

Azure 服务平台包括以下主要组件：Windows Azure；Microsoft SQL 数据库服务，Microsoft .NET 服务；用于分享、存储和同步文件的 Live 服务；针对商业的 Microsoft SharePoint 和 Microsoft Dynamics CRM 服务。

谷歌公司不仅拥有强大的搜索引擎，而且是云计算技术的使用者。谷歌云计算技术包括 GFS、分布式计算编程模型 MapReduce、分布式锁服务 Chubby、分布式结构化数据存储系统 BigTable 等。

2. 国内云平台

国内云平台，主要以阿里巴巴、百度、腾讯等公司的产品为代表。

阿里云是国内较大的云计算平台，经过长时间的市场考验，产品线已经成熟，用户基础也相当扎实。目前而言，阿里云提供的云计算服务产品主要有弹性计算、数据库、存储、网络、大数据、人工智能、云安全等。

百度云是百度公司提供的公有云平台，于 2015 年正式开放运营。2016 年，百度公司正式对外发布了"云计算+大数据+人工智能"三位一体的云计算战略。百度云提供的云计算服务产品主要有计算与网络、存储和 CDN（Content Delivery Network，内容分发网络）、数据库、安全和管理、数据分析等。

腾讯云依托腾讯公司强大的用户基础与社交推广，也发展非常迅猛。腾讯云有着深厚的基础架构，并且有着多年对海量互联网服务的经验，不管是社交、游戏还是其他领域，都有多年的成熟产品服务。腾讯在云端完成重要部署，为开发者及企业提供云服务、云数据、云运营等整体一站式服务方案，具体包括云服务器、云存储、云数据库和弹性 Web 引擎等基础云服务，腾讯云分析（Mobile TencentAnalytics，MTA）、腾讯云推送（信鸽）等腾讯整体大数据能力，以及 QQ 互联、QQ 空间、微云、微社区等云端链接社交体系。

本章小结

　　本章主要阐明了云计算的基本概念，其具有规模大、虚拟化、按需提供服务、通用性、高可靠性、性价比高等特点；简单描述了云计算服务和云计算核心技术；介绍了当前主流的云平台应用。

习　题

1.　填空题

（1）云计算主要包含_____、_____、_____3 个层次的服务。

（2）国内主流云计算产品有_____。

（3）云计算服务的主要特点有_____。

2.　简答题

（1）云计算服务的主要技术有哪些，各自的功能要点有什么？

（2）IaaS 的主要功能是什么？

（3）思考 IaaS、PaaS 与 SaaS 三者间的关系。

第 **10** 章

网络故障

知识目标

- 了解网络故障基础知识
- 掌握网络故障的排除方法

技能目标

- 能够查询、判断和定位网络故障
- 能够排除常见的网络故障

素质目标

- 养成耐心、细致的工作态度和品质习惯
- 培养分析问题、解决问题的能力

网络建成运行后，网络故障诊断是网络管理的重要技术工作。做好网络的运行管理和故障诊断工作，提高故障诊断水平需要注意以下几方面的问题：认真学习有关网络技术理论；清楚网络的结构设计，包括网络拓扑结构、设备连接、系统参数设置及软件使用；了解网络正常运行状况，注意收集网络正常运行时的各种状态和报告输出参数；熟悉常用的诊断工具，准确地描述故障现象。更重要的是，要建立系统化的故障处理思想并能合理应用于实际中，就是将复杂的网络故障问题进行隔离、分解，逐步缩减排错范围，从而及时修复网络故障。

10.1 网络故障的成因

当今的网络互联环境是复杂的，计算机网络是利用各种通信手段，把地理上分散的计算机连在一起，达到相互通信而且共享软件、硬件和数据等资源的网络。计算机网络的发展，促使网络之间出现了各种连接形式。采用统一的协议实现不同网络的互联，使互联网络很容易扩展。因特网就是用这种方式完成网络之间互联的。因特网采用 TCP/IP 作为通信协议，将世界范围内的计算机网络连接在一起，成为当今世界上最大的和最流行的国际性网络。因其复杂性还在日益增长，故随之而来的网络发生故障的概率也越来越大，主要原因如下。

（1）现代的因特网要求支持更广泛的应用，包括数据、语音、视频及它们的集成传输。

（2）新业务的发展使网络带宽的需求不断增长，这就要求新技术不断出现。例如：十兆以太网向百兆、千兆以太网的演进；多协议标记交换（Multi-Protocol Label Switching，MPLS）技术的出现；提供服务质量（Quality of Service，QoS）的能力等。

（3）新技术的应用同时还要兼顾传统的技术。例如，传统的 SNA 体系结构在某些场合仍在使用，数据链路交换（Data Link Switching，DLSw）作为通过 TCP/IP 承载 SNA 的一种技术而被应用。

（4）对网络协议和技术有着深入的理解，能够正确地维护网络尽量不出现故障，并确保出现故障之后能够迅速、准确地定位问题并排除故障的网络维护和管理人才缺乏。

10.2　网络故障分类

在现行的网络管理体制中，由于网络故障的多样性和复杂性，网络故障分类方法也不尽相同。网络故障根据网络故障的性质可以分为物理故障与逻辑故障，也可以根据网络故障的对象分为线路故障、路由器故障和主机故障，根据网络故障的表现分为网络连通性故障和网络性能故障等。排除网络故障的基本思路如图 10.1 所示。

图10.1　排除网络故障的基本思路

1. 按网络故障的性质划分

（1）物理故障

物理故障是指设备或线路损坏、插头松动或线路受到严重电磁干扰等故障。一种常见的物理故障是网络中某条线路突然中断，若已安装了网络监控的软件就能够从监控界面上发现该线路流量突然下降或系统弹出报警界面，更直接的反映就是处于该线路端口上的无线电管理信息系统无法使用。可用 ping 命令检查线路与网络管理中心服务器端口是否已连通，如果未连通，则检查端口插头是否松动，如果松动则插紧，再用 ping 命令检查；如果已连通则故障解决。也有可能是线路远离网络管理中心的终端插头松动，需要检查终端设备的连接状况。如果插头没有问题，则可利用网线测试设备进行通路测试，若发现问题则应更换一条网线。

另一种常见的物理故障就是网络插头的误接。这种情况经常是没有搞清网络插头规范或没有弄清网络拓扑结构导致的。因此，要熟练掌握网络插头规范，如 568A 和 568B，搞清网线中每根线的颜色和意义，做出符合规范的插头。这种网络连接故障很隐蔽，要诊断这种故障没有特别好的工具，只有依靠网络管理的经验来解决。

（2）逻辑故障

逻辑故障中一种常见情况就是配置错误，是指因为网络设备的配置而导致的网络异常或故障。配置错误可能是路由器端口参数设定有误、路由器路由配置错误或者网络掩码设置错误以致路由循环或找不到远端地址等。例如，同样是网络中某条线路故障，发现该线路没有流量，但又可以 ping 通线路两端的端口，这时很可能就是路由配置错误而导致循环了。

逻辑故障中另一种故障就是一些重要进程或端口关闭，以及系统的负载过高。例如，路由器的 SNMP 进程意外关闭或"死掉"，这时网络管理系统将不能从路由器中采集到任何数据，因此网络管理系统便失去了对该路由器的控制。还有一种故障，也是线路中断，没有流量，这时用 ping 命令发现线路近端的端口 ping 不通。检查发现该端口处于 down 状态，也就是说该端口已经关闭，因此导致故障发生。这时重新启动该端口就可以恢复线路的连通。此外，还有一种常见情况是路由器的负载过高，表现为路由器 CPU 温度太高、CPU 利用率太高以及内存余量太小等，虽然这种故障不会直接影响网络的连通，但会影响网络提供服务的质量，而且容易导致硬件设备的损坏。

2. 按网络故障的对象划分

（1）线路故障

最常见的情况就是线路不通，诊断这种故障可用 ping 命令检查线路远端的路由器端口是否能响应，或检测该线路上的流量是否存在。一旦发现远端路由器端口不通，或该线路没有流量，则该线路可能出现了故障。这时有几种处理方法。首先是 ping 线路两端路由器端口，检查两端的端口是否关闭。如果其中一端端口没有响应，则可能是路由器端口故障。如果是近端端口关闭，则可检查端口插头是否松动，路由器端口是否处于 down 状态；如果是远端端口关闭，则要通知线路对方进行检查。进行这些故障处理之后，线路往往就畅通了。

如果线路仍然不通，一种可能就是线路本身的问题，看是不是线路中间被切断；另一种可能就是路由器配置出错了，例如，路由循环就是远端端口路由又指向了线路的近端，这样与线路远端连接的网络用户就不通了，这种故障可以用 traceroute 命令来诊断。解决路由循环的方法就是重新配置路由器端口的静态路由或动态路由。线路连接故障的诊断思路如图 10.2 所示。

图10.2　线路连接故障的诊断思路

（2）路由器故障

事实上，线路故障中的很多情况都涉及路由器，因此也可以把一些线路故障归结为路由器故障。但线路涉及两端的路由器，因此在考虑线路故障时要涉及多个路由器。有些路由器故障仅仅涉及它本身，这些故障比较典型的就是路由器 CPU 温度过高、CPU 利用率过高或路由器内存余量太小。其中最危险的是路由器 CPU 温度过高，因为这可能导致路由器被烧毁。而路由器 CPU 利用率过高和路由器内存余量太小都将直接影响到网络服务的质量，例如路由器的丢包率会随内存余量的下降而上升。检测这种类型的故障，需要利用 MIB（Management Information Base，管理信息库）变量浏览器，从路由器 MIB 变量中读出有关的数据，通常情况下网络管理系统有专门的管理进程不断地检测路由器的关键数据，并及时给出警报。要解决这种故障，只有对路由器进行升级、扩充内存，或重新规划网络的拓扑结构。

另一种路由器故障就是自身的配置错误。例如，配置的协议类型不对、端口不对等。这种故障比较少见，在使用初期配置好路由器基本上就不会出现这种故障了。

（3）主机故障

主机故障常见的现象就是主机的配置不当。例如，主机配置的 IP 地址与其他主机冲突，或 IP 地址根本就不在子网范围内，都将导致该主机不能连通。例如某无线电管理处的网段范围是 172.16.19.1～172.16.19.253，所以主机 IP 地址只有设置在此段区间内才有效。

还有一些是服务设置的故障。例如，E-mail 服务器设置不当导致不能收发 E-mail，或者 DNS 服务器设置不当导致不能解析域名等。主机故障的另一种原因可能是主机的安全故障。例如，主机没有控制其上的 Finger、Rpc 及 rlogin 等多余服务，而恶意攻击者可以通过这些多余进程的正常服务或漏洞攻击该主机，甚至得到该主机的超级用户权限等。

另外，还有一些主机的其他故障，例如共享本机硬盘等，将导致恶意攻击者非法利用该主机的资源。发现主机故障是一件困难的事情，特别是恶意攻击导致的故障。一般可以通过监视主机的流量、扫描主机端口和服务来防止可能的漏洞。当发现主机受到攻击之后，应立即分析可能的漏洞，并加以预防，同时通知网络管理人员注意。现在，很多城市都安装了防火墙，如果防火墙的地址权限设置不当，也会造成网络的连接故障。只要在设置防火墙时加以注意，这种故障就能解决。

3. 按照网络故障的表现划分

（1）网络连通性故障

网络的连通性是故障发生后首先应当考虑的因素。连通性的问题通常涉及网卡、信息插座、网线、交换机和 Modem 等设备及通信传输介质。其中任何一个设备的损坏，都会导致网络连接的中断。连通性通常可以采用软件和硬件工具进行测试验证。

排除了由于计算机网络协议配置不当而导致故障的可能后，接下来要做的事情就复杂了。查看网卡和 Hub 的指示灯是否正常，测试网线是否畅通。

如果主机的配置文件和配置选项设置不当，同样会导致网络故障。如服务器的权限设置不当，会导致资源无法共享；计算机网卡配置不当，会导致无法连接网络。当网络内所有的服务都无法实现时，应当检查交换机。如果没有网络协议，则网络内的网络设备和计算机之间就无法通信，所有的硬件只不过是各自为政的单机，不可能实现资源共享。网络协议的配置并非一两句话能说明白，需要长期的知识积累与总结。

连通性故障问题一般的可能原因有 3 种。

① 硬件、传输介质、电源故障。

② 配置错误。

③ 不正确的相互作用。

（2）网络性能故障

网络故障可能会对网络性能产生不同程度的影响，主要表现有：网络连接受阻，无法正常访问互联网或其他网络，从而导致网络性能下降；网络速度变慢，如网络带宽不足、网络拥塞等因素可能会使网络速度变慢，影响网络性能；数据丢失或传输错误，如网络延迟、网络抖动等因素可能会导致数据传输出现问题，进而影响网络性能；网络不稳定，如网络波动、网络噪声等因素可能会使网络稳定性降低，从而影响网络的可靠性和性能。总之，网络故障对网络性能的影响取决于故障的类型和程度，因此在进行网络性能优化时，需要考虑到网络故障的可能性，并采取相应的措施进行预防和处理，以保障网络的正常运行。

影响网络性能因素主要有 5 种。

① 网络拥塞。

② 到目的地不是最佳路由。

③ 供电不足。

④ 路由环路。

⑤ 网络错误。

10.3　网络故障的排除方法

1. 总体原则

故障处理系统化是合理地一步一步找出故障原因并解决的总体原则。它的基本思想是将故障可能的原因所构成的一个大集合缩减（或隔离）成几个小的子集，从而使问题的复杂度降低。

在网络故障的检查与排除中，掌握合理的分析步骤及排查原则是极其重要的，这一方面能够快速地定位网络故障，找到引发相应故障的成因，从而解决问题；另一方面也会让人们在工作中事半功倍、提高效率并降低网络维护的繁杂程度，最大限度地保持网络的不间断运行。

2. 网络故障解决的处理流程

在开始动手排除故障之前，最好先准备一支笔和一个记事本，然后，将故障现象认真、仔细地记录下来。在观察和记录时不要忽视细节，很多时候正是一些小的细节使得整个问题变得明朗化。排除大型网络故障如此，排除有十几台计算机的小型网络的故障也如此。图 10.3 所示为网络故障解决的处理流程。

图10.3　网络故障解决的处理流程

3. 网络故障的确认与定位

确认及识别网络故障是网络维护的基础。在排除故障之前，必须清楚地知道网络上到底出了什么问题，究竟是不能共享资源，还是连接中断等。知道出了什么问题并能够及时确认、定位，是成功排除故障的最重要的步骤。要确认网络故障，首先需要清楚网络系统正常情况下的工作状态，并以此作为参照，才能确认网络故障的现象，否则，对故障进行确认及定位将无从谈起。

（1）识别故障现象

在确认故障之前，应首先清楚如下几个问题。

① 当被记录的故障现象发生时，正在运行什么进程（即用户正对计算机进行什么操作）。

② 这个进程之前是否运行过。

③ 以前这个进程的运行是否正常。

④ 这个进程最后一次成功运行是什么时候。

⑤ 自该进程最后一次成功运行之后，系统做了哪些改变。这包括很多方面，如是否更换了网卡、网线及系统是否安装了某些新的应用程序等。在弄清楚这些问题的基础上，才能对可能存在的网络故障有整体的把握，才能对症下药，排除故障。

（2）确认网络故障

在处理由用户报告的问题时，对故障现象的详细描述尤为重要，特别是在目前大部分网络用户缺乏相关知识的应用环境下。事实上，很多用户报告的故障现象甚至不能称为故障。仅凭他们的描述得出最终的结论，很多时候显得很草率。这时就需要网络管理员亲自操作一下刚才出错的程序，并注意出错信息。通过这些具体的信息才能最终确认是否存在相应的网络故障，这在某种程度上也是一个对网络故障现象进行具体化的必要阶段。

在分析可能导致错误原因之前，应清楚以下几个问题。

① 收集有关故障现象的信息。

② 对问题和故障现象进行详细的描述。

③ 注意细节。

④ 把所有的问题都记录下来。

⑤ 不要匆忙下结论。

（3）分析可能导致错误的原因

作为网络管理员，应当全面地考虑问题，分析导致网络故障的各种可能，如网卡硬件故障、网络连接故障、网络设备故障及 TCP/IP 不当等，不要着急下结论，可以根据出错的可能性把这些原因按优先级别进行排序，然后一个个排除。

（4）定位网络故障

对所有列出的可能导致故障的原因逐一进行测试。很多人在这方面容易犯的错误是，往往根据一次测试就断定某一区域的网络运行正常或不正常，或者在认为已经确定了的第一个故障上停下来，而忽视其他故障。因为网络故障很多时候并不是由一个因素导致的，往往是多个因素综合作用而造成的，所以单纯地头痛医头或脚痛医脚，很可能同一故障再三出现，这样会大大增加网络维护的工作量。

除测试之外，网络管理员还要注意：千万不要忘记去看一看网卡、交换机、Modem 及路由器面板上的 LED 指示灯。通常情况下，绿灯表示连接正常（Modem 需要几个绿灯和红灯都要亮），红灯表示连接故障，不亮表示无连接或线路不通，长亮表示广播风暴，指示灯有规律地闪烁才是网络正常运行的标志。同时不要忘记记录所有观察及测试的手段和结果。

（5）隔离故障部位

经过测试后，基本上已经知道了故障的部位，对于计算机的故障，可以开始检查该计算机网卡是否安装好、TCP/IP 是否安装并设置正确及 Web 浏览器的连接设置是否得当等一切与已知故障现象有关的内容。需注意的是，在打开机箱时，不要忘记静电对计算机芯片的危害，要用正确的方法拆卸计算机部件。

（6）故障分析

处理完问题后，作为网络管理员，还必须搞清楚故障是如何发生的，是什么原因导致了故障的发生，以后如何避免类似故障的发生，并拟定相应的对策，采取必要的措施且制定严格的规章制度。例如，某一故障是由于用户安装了某款垃圾软件造成的，那么就应该相应地通知用户日后对该类软件敬而远之，或者规定不准在局域网内使用。

虽然网络故障的原因千变万化，但总的来讲也就是硬件问题和软件问题，或者更准确地说就是网络连接性的问题、配置文件选项的问题及网络协议的问题。

10.4　网络故障的示例

某大楼包含若干家单位，为了保证每家单位都能独立上网，并且要求它们的上网状态不受其他单位影响，因此通过大楼核心交换机对每家单位设置了不同的虚拟工作子网。由于各单位分布在不同的楼层，每个楼层分布的单位数也不完全相同，有的楼层有两三家单位，有的楼层多达五六家单位，不同楼层的单位工作子网全部通过对应楼层的交换机连接到大楼局域网中，并通过大楼网络中的硬件防火墙访问 Internet。

1. 网络故障出现

某天早上，大楼网络管理员在扫描诊断局域网核心交换机各个交换端口的工作状态时，发现其中某个交换端口处于 down 状态。通过查看网络管理档案，找到连接该端口的是四楼某台交换机，远程登录该楼层交换机时，发现迟迟无法登录成功，使用 ping 命令测试该交换机的 IP 地址时，返回的结果为"请求超时"。根据上述故障现象，管理员推测可能是楼层交换机工作状态出现了意外，于是到该故障交换机现场，切断该设备电源，过一段时间后再次接通电源，进行重新启动，管理员又使用了 ping 命令测试该交换机的 IP 地址，此时返回的结果已经正常，而且远程登录操作也能够顺利进行。然而，半个小时之后，该故障交换机再次出现了相同的故障现象，并且在进行 ping 命令测试时，又返回了不正常的测试结果；后来管理员经过反复启动测试，发现故障交换机始终无法正常 ping 通。

2. 排查网络故障

既然经过反复重启不能解决问题，管理员推测引起该故障的原因可能比较复杂。基于这类故障现象在网络管理过程中经常会出现，于是管理员按照下面的思路进行了深入排查。

（1）网络设备故障排查。考虑到整个大楼网络中，只有四楼的某个交换机出现这种现象，管理员初步判断可能是该楼层交换机自身问题引起的。为能尽快找出故障原因，管理员使用一台工作状态正常的交换机来替换故障交换机，观察故障现象是否仍然存在；同时，将那台被怀疑可能存在问题的交换机连接到一个独立的网络工作环境，经过半个小时的测试和观察，发现那台被连接到独立网络环境的故障交换机工作状态是正常的，而且在该网络环境下可以 ping 通它的 IP 地址，而那台新替换的交换机连接到大楼网络后，却不能正常 ping 通了。依照这些现象，管理员认为可能不是四楼交换机自身故障。

（2）网络故障范围排查。在排除了交换机自身故障后，管理员对整个大楼网络的组网结构和网络状态重新进行了回顾。由于大楼中其他楼层的用户都能正常上网，唯独四楼的一部分用户不能上网；查阅四楼的组网资料，管理员发现四楼分布了 5 家单位，布置了两台楼层交换机，通过级联方式连接在一起，同时在这两台交换机中划分了 5 个虚拟工作子网，保证了每家单位都能独立地工作于自己的虚拟工作子网中。既然核心交换机上的对应端口已经处于 down 状态，应当在四楼的所有单位都不能上网，为什么现在只有一部分用户上报故障现象呢？管理员进一步联系其他几家没有报修网络故障的单位，也陆续出现了网络访问不正常现象，因此整个四楼的所有单位都是不能正常上网的，那么引起该故障的原因应该在这几家单位的虚拟工作子网中。

（3）网络故障原因排查。将故障排查范围定位于四楼 5 家单位后，管理员认为既然重新启动四楼某个交换机就能够暂时地将网络故障恢复，只是在其工作半个小时后，才会再次出现相同的网络故障现象；根据这种特殊的现象，管理员推测可能出现了网络广播风暴，造成交换机在一定时间内发生了堵塞现象，最终堵死了核心交换机的对应交换端口。为了便于分析网络故障产生的因素，管理员利用专业网络监听工具对四楼交换机的级联端口进行了网络传输数据包分析，结果发现无论是输入数据包流量，还是输出数据包流量，都非常大，几乎超过了正常数值的 100 倍左右，可以判断四楼网络出现了网络堵塞现象是网络故障的主要原因。

管理员为进一步判断造成网络堵塞的原因，确定究竟是网络病毒引起的，还是网络环路引起的，再观察故障交换机级联端口的状态信息变化，特别是输出广播包的变化。如果输出广播包每秒都在不停增大，基本上能确定四楼网络存在环路现象，因此管理员使用 Console 控制线直接连接到故障交换机上，以系统管理员身份登录进入该系统后台，同时使用 display 命令查看该交换机级联端口输出广播包的变化，且每隔一秒查看一次，比较每次查看结果，经过反复测试，发现故障交换机输出广播包大小在不断地增大，说明在四楼的 5 家单位中一定存在网络环路现象。

（4）网络故障位置排查。管理员分析网络环路现象成因，排查网络设备的连接情况。先查看四楼两台交换机，确定它们之间的物理连接是正常的；再查看两台交换机各个交换端口与各个房间的上网插口直接相连，也是正常连接的，只要各个房间不随意使用交换机进行级联，应该不会出现网络环路现象。因此四楼网络环路现象极有可能是因为有办公室在使用交换机进行扩展上网，于是对各个办公房间进行检查，结果有多个房间使用了下级交换机进行扩展上网；管理员依次在端口视图模式状态下，ping 故障交换机的 IP 地址，结果在第六个交换端口无法正常 ping 通，再用 display 命令查看该交换端口的状态信息，发现该交换端口的输入、输出数据包大小明显不正常，于是管理员估计该交换端口一定是造成故障交换机工作状态不正常的原因。根据交换端口号，确定对应的那个上网房间，发现该房间中仅有的两个上网端口都连接了小集线器，而这两台集线器下面都连接有几台计算机，并且有一条网络线将它们直接连接在一起，这两台集线器间就形成一个网络环路，该环路造成的广播风暴最终堵塞了故障交换机的级联端口，从而导致整个四楼网络都不能正常上网。

3. 解决网络故障

根据网络故障排查结果，将该多余网络线缆拔除之后，管理员重新查看该交换端口状态信息，结果输入、输出数据包大小都恢复了正常，再次查看核心交换机上对应的交换端口状态时，状态"down"已经变成了"up"，而且此时能正常 ping 通四楼的故障交换机了，这说明网络故障果然是由四楼某个房间用户非正常扩展使用交换机或集线器引起的，也是用户随意插拔网线造成网络环路所引起的。

4. 网络故障总结

通过对上述网络故障的深入排查，可以看出，在管理维护网络过程中，必须要对整个网络的组网结构有全面、清晰的了解，同时要仔细考虑交换端口的上网配置。当遇到网络故障时，一定要结合故障现象，按照网络故障排查方法，分析网络故障的可能成因，逐步缩小故障排查范围，同时借助专业网络测试工具测试数据包大小的变化，准确定位故障节点，从而快速、有效地解决网络故障。

本章小结

计算机网络技术发展迅速，网络故障也十分复杂，本章概括介绍了常见的网络故障及其排查方法。针对具体的诊断技术，总体来说是遵循"先软后硬"的原则，但是具体情况要具体分析，这些经验都需要长期积累。对于网络管理人员，在网络维护中还需要注意以下几个方面。

第一，建立完整的组网文档，以供维护时查询。如系统需求分析报告、网络设计总体思路和方案、网络拓扑结构的规划、网络设备和网线的选择、网络的布线、网络的 IP 地址分配、网络设备分布等。

第二，养成写网络维护日志的良好习惯，尤其是有一些发生概率小但危害大的故障和一些概率大的故障，对每台机器都要做完备的维护文档，以利于以后故障的排查。这也是一种经验的积累。

第三，提高网络安全防范意识，提高口令的可靠性，并为主机加装最新的操作系统的补丁程序和防火墙、防黑客程序等来防止可能出现的漏洞。

习　题

1. 选择题

（1）在一个原先运行良好的网络中，有一台路由器突然不通，有一个以太网口状态灯不亮，最有可能的情况是（　　）。

　　A. 端口已坏　　　　B. 协议不正确　　　　C. 有病毒　　　　D. 都正确

（2）当用户解决了一个网络问题时，（　　　）会知道问题是否已经解决。

　　A. 问一下用户故障的表现是否仍然存在

　　B. 运行原先确定问题时使用的测试程序

　　C. 使用 ping 命令查询远程站点

　　D. 显示 run 命令的结果

（3）当用户进行了修改，但是网络仍然不能工作时，用户应该执行故障诊断过程中的（　　　）步骤。

　　A. 设计一个操作计划

　　B. 对结果进行评估

　　C. 重复执行原来的操作，直到问题得到解决

　　D. 对结果进行评估

（4）故障诊断过程中的（　　　）步骤需要询问用户，以便了解解决问题所需要的信息。

　　A. 定义问题的性质

　　B. 收集有关的情况，并且对问题进行分析

　　C. 确定问题的原因

　　D. 设计一个操作计划

（5）故障诊断过程中的（　　　）步骤需要进行测试以便了解所做的修改是否起作用。

　　A. 实施操作计划　　　　　　　　　　B. 对结果进行评估

　　C. 重复执行操作，直到问题得到解决　　D. 将解决方案记入文档

（6）情况收集到之后，应该执行故障诊断过程中的（　　　）步骤。

　　A. 设计一个操作计划　　　　　　　　B. 对结果进行评估

　　C. 确定产生问题的原因　　　　　　　D. 确定问题的性质

（7）进行故障诊断时，每次只改变一个变量，下面（　　　）不是这样做的好处。

　　A. 只进行一个变量的修改可使撤销修改的工作更加容易进行

　　B. 这有助于将问题隔离出来

　　C. 它延长了解决问题所需要的时间

　　D. 它使你能够排除产生问题的单个原因

2. 简答题

简述网络故障几种主要的检测方法。

第 **11** 章

网络技术应用

知识目标
- 了解当前网络技术应用中的 FTTH、物联网和三网融合技术
- 了解 3 种网络的定义、特点和性能等

技能目标

能够列举 FTTH、物联网和三网融合技术在实践中的应用案例

素质目标

培养适应新技术发展和应用的创新意识和品质

网络技术发展与应用突飞猛进，如光纤通信 OTN（Optical Transport Network，光传输网络）、ASON（Automatically Switched Optical Network，自动交换光网络）技术的建立、完善，无线通信的 5G 技术的成熟、普及，以及 Internet IPv6 技术的广泛应用等。这里主要介绍网络技术中广泛应用的 FTTH、物联网和三网融合技术。

11.1 FTTH

随着互联网的持续快速发展，网上新业务层出不穷，特别是网络游戏、会议电视、视频点播等业务，人们对网络接入带宽的需求持续增加，人们日益增长的通信需求对通信网络的传输和交换能力提出了新的要求。骨干网传输速率和交换能力的提高和计算机速度的提高使得接入网的发展成为整个通信网中的瓶颈。

要为未来的用户提供各种业务，尤其是高质量的视频业务，现有的接入网技术并不能满足传输带宽的要求。而 FTTH 被广泛认为是一种理想的最终综合接入方案。

FTTH 以巨大宽带支持现在和未来的所有业务，包括传统的电信业务、传统的数据业务和传统的电视业务，以及未来的数字电视、视频点播（Video on Demand，VOD）等。FTTH 以巨大的带宽能力，实现接入宽带网的最终解决方案，成为光纤接入网发展的最终目标。

11.1.1　FTTH 的定义

FTTH（Fiber To The Home，光纤到户）是指光纤直接通达住户（家庭），即从电信局端一直到用户家庭全为光纤线路，没有铜线。而这里的用户，即"H"，不仅包括传统意义上的家庭，还包括家庭办公室或小型办公室，而不是只到门口，更不是光纤到大楼（Fiber To The Building，FTTB）。

11.1.2　FTTH 主要业务

FTTH 是全业务的综合接入解决方案。虽然 FTTH 的主要推动力是宽带视频业务，但FTTH 必须能够支持现有的各种窄带和宽带业务，以及将来可能出现的新业务。FTTH 系统必须能够提供综合接入，使用户在同一时间能够同时享受多种服务。

FTTH 支持的主要业务如下。

（1）视频：HDTV（High Definition Television，高清晰度电视），采用 MPEG-2 标准压缩，原始图像的分辨率从 1080 像素 × 1920 像素到 4320 像素 × 7680 像素，采用杜比数码 5.1 声道解码器系统的多路高保真声音；标准 DTV（Digital TeleVision，数字电视），采用 MPEG-2 标准压缩，原始图像的分辨率为 640 像素 × 720 像素左右，普通单声道或立体声；各种采用 MPEG-1、MPEG-4 以及其他压缩技术的静止图像业务和低分辨率的监控图像业务。

（2）数据：各种速率的数据业务，速率从每秒几千字节到数十兆字节。

（3）语音：包括传统 POTS（Plain Old Telephone Service，普通老式电话服务）电话和数字电话业务，多路高保真声音。

（4）多媒体：各种混合的不同质量的数据、语音和图像业务。

11.1.3　FTTH 组成方式

FTTH 系统是一种接入网技术，总体上由 3 个部分组成：网络部分、接入部分和用户部分，如图 11.1 所示。网络部分的主要功能是提供到各种网络[PSTN（Public Switched Telephone Network，公共交换电话网络）、IP 网]的接口和对各种业务的汇聚与分解。

图11.1　FTTH系统的组成

接入部分由汇聚节点和传输线路组成。汇聚节点的作用是一方面通过线路将来自不同家庭的业务信号汇聚在一起，以便在综合的接入系统中传输，另一方面将来自各种网络的多用户多业务信号进行必要的分路或分解，以便向各个家庭传送。

家庭节点是对一个用户的多种业务进行汇合和分解，提供到各种不同家庭终端的接口。在通常情况下，从业务节点到汇聚节点的距离为 1～20km，从汇聚节点到家庭节点的距离为 50～300km。如果家庭节点到业务节点的距离很近，如 1km，则汇聚节点可以移到网络端与业务节点合并。这样，整个系统就是一个纯粹的点到点系统，不同用户之间以光纤从物理上区分。图 11.1 所示的系统，业务节点又称为光线路终端（Optical Line Terminal，OLT），家庭节点又称为光网络单元（Optical Network Unit，ONU）或光网络终端（Optical Network Terminal，ONT）。

FTTH 系统能够很好兼容现有 PSTN 和下一代网络（Next-Generation Network，NGN），可以实现在一根光纤上传送普通电话、宽带数据、模拟电视等业务，真正实现光纤入户、三网融合。FTTH 系统在小区、大楼中应用。

FTTH 进入千家万户，对提高人民生活质量、满足社会需求具有重大意义。实现 FTTH 的网上购物、支付、医疗、教育等各项业务，能够带来巨大的经济效益和社会效益，以及能源节省、环境保护的效果。

11.2　物联网

物联网（Internet of Things，IoT）是继计算机、互联网与移动通信之后的又一次信息产业浪潮。物联网对促进互联网的发展、带动人类进步发挥着重要作用，并成为经济发展的重要增长点。我国把物联网产业列为重点发展的战略性新兴产业。

国内外公认的物联网一词是由美国麻省理工学院（MIT）Auto-ID 中心阿什顿（Ashton）教授于 1999 年在研究射频识别（Radio Frequency Identification，RFID）时最早提出来的。在 2005 年 ITU 发布的报告中重新定义了物联网的概念，对物联网覆盖范围有了较大的拓展，不再只是指基于 RFID 技术的物联网。2009 年，我国物联网覆盖范围与时俱进，超越了 1999 年阿什顿教授和 2005 年 ITU 报告所指的范围，将无处不在（Ubiquitous）的末端设备（Devices）和设施（Facilities），包括具备"内在智能"的传感器、移动终端、工业系统、楼控系统、家庭智能设施、视频监控系统等，以及具备"外在使能"（Enabled）的，如贴上 RFID 的各种资产（Assets）、携带无线终端的个人与车辆等"智能化物件或动物"或"智能尘埃"（Smart Dust），通过各种无线和/或有线的长距离和/或短距离通信网络实现互联互通（M2M）、应用大集成（Grand Integration），以及基于云计算的 SaaS 营运等模式，在内联网（Intranet）、外联网（Extranet）及互联网（Internet）环境下，采用适当的信息安全保障机制，提供安全可控乃至个性化的实时在线监测、定位追溯、报警联动、调度指挥、预案管理、远程控制、安全防范、远程维保、在线升级、统计报表、决策支持、领导桌面（集中展示的 Cockpit Dashboard）等管理和服务功能，实现对"万物"的"高效、节能、安全、环保"的"管、控、营"一体化，可以说"中国式物联网"的发展与应用就是"中国制造"。

11.2.1　物联网的概念

所谓物联网，指的是通过各种信息传感设备，如射频识别装置、传感器节点、全球定位系统（Global Positioning System，GPS）、激光扫描器、嵌入式通信模块、摄像头等组成的传感网络将所获取的物理世界的各种信息经由通信网络传输，到达集中化的信息处理与应用平台，为用户提供智能化的解决方案，以实现智能化识别、定位、跟踪、监控和管理的一种网络。物联网就是"物物相连的互联网"。这有两层意思：第一，物联网的核心和基础仍然是互联网，是在互联网的基础上延伸和扩展的网络；第二，其用户端延伸和扩展到了任何物品与物品之间，进行信息交换和通信。

物联网可实现人类社会与物理系统的整合，增强社会生产、生活中信息互通性和决策智能化，提高全社会的智能化和自动化水平。

物联网和目前的互联网有着本质的区别。人们如果想在互联网上了解一个物品，必须通过人去收集这个物品的相关信息，然后放置到互联网上供人们浏览，人在其中要做很多的信息收集工作，且难以动态了解其变化，互联网主要是人与人沟通的虚拟平台。而物联网则不需要，它是通过在物体上植入各种微型感应芯片、借助无线通信网络与现在的互联网相互连接，让物体自己"开口说话"。可以说，互联网是连接虚拟世界，物联网则是连接物理的、真实的世界，而物物相连的规模将大大超过人与人、人与物互联的互联网规模。图 11.2 所示是物联网的基本理论模型。

图11.2　物联网基本理论模型

11.2.2　物联网的 3 个重要特征

（1）全面感知：利用 RFID、传感器、二维码，以及其他各种感知设备随时随地采集各种动态对象，全面感知世界。

（2）可靠的传送：利用以太网、无线网、移动网将感知的信息进行实时的传送。

（3）智能控制：利用云计算、模糊识别等各种智能计算技术，对海量的数据和信息进行分析和处理，对物体实施智能化的控制，真正实现人与物的沟通。

11.2.3 物联网的核心技术

物联网核心技术包括 RFID、无线传感器网络（Wireless Sensor Network，WSN）、红外感应器、GPS、Internet 与移动网络、网络服务、行业应用软件。在这些技术当中，又以底层嵌入式设备芯片开发最为关键，引领整个行业的上游发展。以下着重介绍 RFID 技术和 WSN 技术。

1. RFID 技术

RFID 作为物联网中最为重要的核心技术，对物联网的发展起着至关重要的作用。RFID 目前仍然面临着诸多问题亟待解决。RFID 存在诸多国际标准，如影响力最大的 EPCglobal 标准，支持各频段的 ISO/IEC 标准，以及日本制造商 Sony、NEC 等支持的 UID 标准。各国际标准间互不兼容，导致 RFID 应用难以大范围推广。目前，欧盟的 GRIFS（Global RFID Interoperability Forum for Standards，国际 RFID 标准互操作性论坛）项目致力于各 RFID 标准开发机构间相互合作。RFID 的标签成本仍然过高和我国自主制定的 RFID 标准推广问题都成为制约物联网发展的瓶颈。除此之外，目前 RFID 应用大多集中于闭环市场，如集中于医疗、军工等，到普及的开环市场还有一段时间。

RFID 是一种非接触式的自动识别技术，它通过射频信号自动识别目标对象并获取相关数据，识别工作无须人工干预，可工作于各种恶劣环境。RFID 可识别高速运动物体，也可同时识别多个标签，操作快捷、方便。

2. WSN 技术

WSN 是由部署在监测区域内大量的廉价微型传感器节点组成，通过无线通信方式形成的一个多跳自组织网络。WSN 能扩展人们与现实世界进行远程交互的能力。WSN 是一种全新的信息获取平台，能够实时监测和采集网络分布区域内的各种检测对象的信息，并将这些信息发送到网关节点，以实现复杂的指定范围内的目标检测与跟踪，具有快速展开、抗毁性强等特点，有着广阔的应用前景。美国《商业周刊》和《MIT 科技评论》在预测未来技术发展的报告中，分别将 WSN 列为 21 世纪最有影响的 21 项技术和改变世界的十大技术之一。

WSN 通常分为物理层、MAC 层、网络层、传输层、应用层。物理层定义 WSN 中的汇聚、节点间的通信物理参数，使用哪个频段，使用何种信号调制解调方式等。MAC 层用于初始化各节点，通过收发信标（Beacon）、请求（Request）、交互（Associate）等消息完成自身网络定义，同时定义 MAC 帧的调试策略，避免多个收发节点间的通信冲突。在网络层，完成逻辑路由信息采集，使收发网络包能够按照不同策略使用最优化路径到达目标节点。传输层提供包传输的可靠性，为应用层提供入口。应用层最终将收集后的节点信息整合处理，满足不同应用程序的计算需求。

11.2.4 物联网发展面临的主要问题

1. 技术标准问题

标准化无疑是影响物联网普及的重要因素。目前 RFID、WSN 等技术领域还没有一套完整的国际标准，各厂家的设备往往不能实现互操作。

2. 安全与隐私问题

个人隐私与数据安全因素的考虑会影响物联网的设计，从而避免个人数据遭遇窃听及破坏的威胁。除此之外，专家称物联网的发展会改变人们对于隐私的理解，在当前流行的网络社区里，个人隐私是公众热议的话题。

3. 协议问题

物联网是互联网的延伸，其在核心层面基于 TCP/IP，但在接入层面，协议类别五花八门，如 GPRS/CDMA、短信、传感器、有线等，包含多种通道，物联网需要一个统一的协议栈。

4. IP 地址问题

每个物品都需要在物联网中被寻址，这就需要一个 IP 地址。物联网需要更多的 IP 地址，IPv4 资源已经分配完毕，就需要 IPv6 来支撑。IPv4 向 IPv6 过渡是一个漫长的过程，因此物联网一旦使用 IPv6 地址，就必然会存在与 IPv4 的兼容性问题。

5. 终端问题

物联网终端除具有本身功能外，还拥有传感器和网络接入等功能，且不同行业需求千差万别，如何满足终端产品的多样化需求，对运营商来说是一大挑战。

11.2.5　物联网技术的应用

1. 智能家居

智能家居产品融合自动化控制系统、计算机网络系统和网络通信技术于一体，将各种家庭设备（如音视频设备、照明系统、窗帘控制系统、空调控制系统、安防系统、数字影院系统、网络家电等）通过智能家庭网络联网实现自动化，如通过中国电信的宽带、固定电话和5G 无线网络，可以实现对家庭设备的远程操控。

与普通家居相比，智能家居不仅能提供舒适宜人且高品位的家庭生活空间，实现更智能的家庭安防系统，还可将家居环境由原来的被动静止结构转变为具有能动智慧的工具，提供全方位的信息交互功能。

2. 智能医疗

智能医疗系统借助简易、实用的家庭医疗传感设备，对家中病人或老人的生理指标进行自测，并将生成的生理指标数据通过固定网络或 5G 无线网络传送给护理人或有关医疗单位。

根据客户需求，中国电信还提供相关增值业务，如紧急呼叫救助服务、专家咨询服务、终生健康档案管理服务等。智能医疗系统真正解决了现代社会子女们因工作忙碌无暇照顾家中老人的无奈，可以随时表达孝子情怀。

3. 智能城市

智能城市产品包括对城市的数字化管理和对城市安全的统一监控。前者利用"数字城市"理论，基于 3S[地理信息系统（Geographic Information System, GIS）、全球定位系统（GPS）、遥感系统（Remote Sensing System, RS）]等关键技术，深入开发和应用空间信息资源，建设服务于城市规划、城市建设和管理，服务于政府、企业、公众，服务于人口、资源环境、经济社会的可持续发展的信息基础设施和信息系统。

后者基于宽带互联网的实时远程监控、传输、存储、管理的业务，利用无处不达的宽带和 5G 网络，对分散、独立的图像采集点进行联网，实现对城市安全的统一监控、统一存储和统一管理，为城市管理和建设者提供一种全新、直观、视听觉范围延伸的管理工具。

4. 智能交通

智能交通系统包括公交行业无线视频监控平台、智能公交站台、电子票务、车管专家和公交手机一卡通 5 种业务。

5. 智能物流

智能物流可打造集信息展现、电子商务、物流配载、仓储管理、金融质押、园区安保、海关保税等功能为一体的物流园区综合信息服务平台。

信息服务平台以功能集成、效能综合为主要开发理念，以电子商务、网上交易为主要交易形式，建设了高标准、高品位的综合信息服务平台，并为金融质押、园区安保、海关保税等功能预留了接口，可以为园区客户及管理人员提供一站式综合信息服务。

11.3　三网融合

三网融合是一种广义的、社会化的说法，主要是指高层业务应用的融合。其表现为技术上趋向一致，网络层上可以实现互联互通，形成无缝覆盖，业务层上互相渗透和交叉，应用层上趋向使用统一的 IP，在经营上互相竞争、互相合作，使其朝着向为人类提供多样化、多媒体化、个性化服务的同一目标逐渐交汇在一起，行业管制和政策方面也逐渐趋向统一。

11.3.1　三网融合基本概念

所谓"三网融合"，就是指电信网、互联网和电视网的相互渗透、互相兼容，并逐步整合成为全世界统一的信息通信网络，能够提供包括语音、数据、图像等综合多媒体的通信业务。三网融合实现后，人们可以随需选择网络和终端，只要拉一条线、接入一张网，完全通过无线接入的方式就能满足通信、看电视、上网等各种应用需求，如图 11.3 所示。

图11.3　三网融合示意

三网融合是为了实现网络资源的共享，避免低水平的重复建设，形成适应性广、容易维护、费用低的高速带宽的多媒体基础平台。

11.3.2 电信网、电视网和互联网各自的特点

1. 电信网

目前我国具有全球第一的网民规模，其中宽带网民超过网民总数一半。电信网具有覆盖面广、管理规范等特点，而且通信运营商经过长时间的发展积累了长期大型网络设计运营经验。电信网能传送多种业务，但仍然主要以传送电话业务和数据业务为主，例如固定电话、FTTH 网络、移动电话业务。其网络特点是能在任意两个用户之间实现点对点、双向、实时的连接；通常使用电路交换系统和面向连接的通信协议，通信期间每个用户都独占一条通信信道；用户之间可以实时地交换各种信息数据。其优点是能够保证服务质量，通信的实时性很好。随着数据业务的增长，从传统的 56kbit/s 窄带拨号到 FTTH，FTTH 技术提供一种宽带接入方式，它无须很大幅度改造现有的电信网络连接，只需在用户端接入 FTTH-Modem，便可提供宽带数据服务和传统语音服务，两种业务互不影响。FTTH 可以提供 50Mbit/s 的速率，10km 左右的有效传输距离，比较符合现阶段一般用户的互联网接入要求。对没有综合布线的小区来说，FTTH 是一种经济、便捷的接入途径。

2. 电视网

我国的有线电视网虽然起步较晚，但发展迅速，目前我国已经拥有世界第一大有线电视网。在我国，有线电视网普及率高，接入带宽很宽，同时掌握着众多的视频资源。但是网络大部分是以单向、树状网络方式连接到终端用户的，用户只能在当时被动地选择是否接收此种信息。如果将有线电视网从目前的广播式网络全面改造为双向交互式网络，便可将电视与电信业务集成一体，使有线电视网成为一种新的计算机接入网。有线电视网正摆脱单一的广播业务传输网络而向综合信息网发展。在三网融合的过程中，有线电视网的策略是首先用电缆调制解调器抢占 IP 数据业务，再逐渐争夺语音业务和点播业务。

3. 互联网

我国网民数量持续稳定增长，网民规模全球第一。互联网对社会发展起到了巨大的推动作用。由于互联网的飞速发展，用户对通信信道带宽能力的需求日益增长，需要建立真正的信息高速公路和高速宽带信息网络。互联网的主要特点是采用分组交换方式和面向无连接的通信协议，适用于传送数据业务，但带宽不定。在互联网中，用户之间的连接可以是一点对一点的，也可以是一点对多点的；用户之间的通信在大多数情况下是非实时的，采用的是存储转发方式；通信方式可以是双向交互式的，也可以是单向的。互联网络的结构比较简单，当前我国已经新建了独立的以 IP 为主要业务对象的新型骨干传送网。

互联网的最大优势在于 TCP/IP 是目前唯一可被三大网络共同接受的通信协议，IP 技术更新快、成本低。但是互联网最大的问题是缺乏大型网络与电话业务方面的技术和运营经验；由于其具有开放性的特点，缺乏对全网有效的控制能力，很难实现统一网管；同时无法保证提供高质量的实时业务。

11.3.3　三网融合的技术优势

1. 数字技术

数字传输取代传统的模拟传输已是信息社会发展的必然方向。数字技术的主要优势有：信号质量好，抗干扰能力强；传输效率高，多功能复用；双向交互性，便于网络化等。数字技术将不同的信号统一为二进制比特流，在信息的前期处理、传输、交换、接收等过程中已经实现了融合，使得语音、数据和图像信号都可以通过二进制比特流在网络间进行传输和交流，而无任何区别。

2. 光通信技术

从技术的角度看，光通信技术的发展速度大大出乎人们的预料，经过几年的发展就出现了 10Gbit/s、40Gbit/s DWDM（波分复用），现在又向全光网前进。利用波分复用技术在单一光纤上传输 320Gbit/s 的系统已得到商用。巨大可持续发展容量的光纤传输网是三网融合传输各类业务的理想平台。光通信技术的快速发展使得传输成本大幅下降。光通信技术为三网融合提供了高效、稳定、安全的传输平台。

3. TCP/IP

TCP/IP 的普遍使用，使得各种业务都可以以 IP 为基础实现互通。TCP/IP 不仅成为占主导地位的通信协议，而且为三大网络找到了统一的通信协议，从而在技术上为三网融合奠定了坚实的联网基础。从接入网到骨干网，整个网络将实现协议的统一，各种终端最终都能实现透明的连接。

三网融合的好处如下。

（1）信息服务将由单一业务转向文字、语音、数据、图像、视频等多媒体综合业务。

（2）有利于极大地减少基础建设投入，并简化网络管理，降低维护成本。

（3）将使网络从各自独立的专业网络向综合性网络转变，网络性能得以提升，资源利用水平进一步提高。

（4）三网融合是业务的整合，它不仅继承了原有的语音、数据和视频业务，而且通过网络的整合，衍生出了更加丰富的增值业务类型，如图文电视、互联网电话（Voice Over IP，VOIP）、视频邮件和网络游戏等，极大地拓展了业务提供的范围。

（5）三网融合为电信、广电等各大运营商在视频传输领域提供了统一的技术平台，可能会降低用户看电视、上网、打电话资费。

三网融合应用广泛，遍及智能交通、环境保护、政府工作、公共安全、平安家居、智能消防、工业监测、老人护理、个人健康等多个领域。三者之间相互交叉，形成"你中有我、我中有你"的格局。

本章小结

本章概要介绍了 FTTH、物联网和三网融合技术，说明了 FTTH 的定义、特点和组成方式；明确了物联网技术的定义、特点、核心技术和应用范围；讲述了三网融合技术的概念、技术优势和好处。

习 题

1. 填空题

（1）FTTH 系统是一种接入网技术，总体上由 3 个部分组成：_____、_____和_____。

（2）三网融合中的三网分别为_____、_____和_____。

2. 简答题

（1）简述 FTTH 的定义。

（2）简述物联网的定义。

（3）物联网主要包括哪些技术？

（4）三网融合的好处有哪些？

第 **12** 章

组网方案实例

——某大学校园网组网方案

知识目标
- 了解组网方案的编写
- 了解校园网的建设过程

技能目标
- 能够规划设计简单的局域网
- 能够配置和维护局域网

素质目标
- 培养分析问题、解决问题和综合应用能力
- 具备团队协同精神

随着计算机网络的发展，校园网已经成为学校实现信息化和智能化管理的必然发展趋势，本章以校园网组网为例介绍网络组建过程。

12.1 方案的目的与需求

整个网络必须能满足以下要求。

（1）稳定：网络必须能保证相对连续、稳定。

（2）安全：整个网络有高的安全性，能够杜绝非法入侵，并且能够方便地监控网络的状态。

（3）灵活：当需求有所变化时，网络能够容易地被拓展。

（4）足够的带宽：能满足多媒体教学和高速访问 Internet 的需求，按校园网接入 Internet

带宽 1Gbit/s、服务器网络带宽 100Mbit/s、应用终端网络带宽 10/100Mbit/s 的标准设计。

（5）易于管理和维护：无线网络一旦投入使用，希望尽可能简化网络的管理和维护工作。

（6）在教学楼中部分地区实现无线上网。

12.2 组网方案

下面从需求分析、系统设计、系统实施等方面描述校园网组网方案。

12.2.1 需求分析

1. 现状概述

学校所有的建筑物都已接入整个校园局域网，学校下设 5 个院系，分别为电子工程系、机电工程系、信息工程系、经济管理系和软件学院，信息节点的分布比较分散，涉及图书馆、实验楼、教学楼、宿舍楼和办公楼等。网络由网络中心统一管理，服务器位于网络中心，位置设在教学楼，其中图书馆、实验楼和教学楼为信息点密集区；教师和学生宿舍为网络利用率较高的区域。

2. 需求分析

千兆专线接入 Internet，开通 Web 服务器、FTP 服务器、E-mail 服务器、图书服务器和课程资源服务器 5 种服务。对外开通学校网站、FTP 服务器以及远程教育视频点播多媒体教学系统，对内开通课程资源服务器供教师使用，E-mail 服务器供全校师生使用，教师可使用校园网访问 Internet，同时提供 PPP 拨号服务，使得学生和部分零散用户可以通过电话拨号接入网络，同时针对笔记本电脑在有线网络的基础上构建无线校园网。

12.2.2 系统设计

1. 设计要求

校园网必须是一个集计算机网络技术、多项信息管理、办公自动化和信息发布等功能于一体的综合信息平台，并能够有效地促进现有的管理体制和管理方法，提高学校办公质量和效率，以促进学校整体教学水平的提高。

因此设计方案应遵循先进性、实用性、开放性和标准化的原则，在保证先进性的前提下尽量采用成熟、稳定、标准、实用的技术和产品，并努力使系统具有良好的可管理性、可维护性以及扩展性，同时要考虑投资的安全性及效益。

高校内笔记本电脑的普及率非常高，针对大量的移动终端，灵活地接入网络的需求很强烈。通过无线网络利用教育科研信息网和互联网上的各种信息，可以实现资源共享，同时能为移动终端提供高效率的连接方式。

2. 技术选择

目前在校园一级有线主干网络建设中，主要选用的技术如下。

（1）FDDI（光纤分布式数据接口）。

FDDI 是目前成熟的局域网技术中传输速率最高的一种。这种传输速率高达 100Mbit/s

的网络技术所依据的标准是 ANSI X3T9.5。该网络具有定时令牌协议的特性，支持多种拓扑结构，传输介质为光纤。使用光纤作为传输介质具有多种优点，不仅可实现长距离、大容量通信传输，还具有对电磁和射频干扰抑制的能力，保密性能好等特点，因而是安全可靠的传输介质。FDDI 使用双环架构，两个环上的流量在相反方向上传输。双环由主环和备用环组成。在正常情况下，主环用于数据传输，备用环闲置，使用双环的目的是能够提供较高的可靠性和健壮性，是一种比较成熟的技术，但它也是一种共享传输介质的技术，随着联网设备的增加，网络效率会很快下降，100Mbit/s 的带宽会被所有用户平均分担，因此它不能满足网络中对于高带宽的需求，不具备先进性。而且 FDDI 采用光纤，成本太高、耗资巨大、管理困难，此外网络扩展性差，为以后的升级带来了困难，所以不采用此方案。

（2）ATM（异步传输方式）。

ATM（Asynchronous Transfer Mode，异步传输方式）是一项数据传输技术，通常提供 155Mbit/s 的带宽。它适用于局域网和广域网，具有高数据传输速率，支持许多种类型如声音、数据、传真、实时视频、音频和图像的通信。ATM 采用虚连接技术，将逻辑子网和物理子网分离。类似于电路交换，ATM 首先选择路径，在两个通信实体之间建立虚通路，将路由选择与数据转发分开，使传输中间的控制较为简单，解决了路由选择的瓶颈问题。设立了虚通路和虚通道两级寻址，虚通道是由两节点间复用的一组虚通路组成的，网络的主要管理和交换功能集中在虚通道一级，降低了网管和网控的复杂性。在一条链路上可以建立多个虚通路。在一条通路上传输的数据单元均在相同的物理线路上传输，且保持其先后顺序，因此克服了分组交换中无序接收的缺点，保证了数据的连续性，更适用于多媒体数据的传输。因此对校园网中的语音和视频点播多媒体系统来说比较适合。但是目前不同厂家的 ATM 产品互联还存在一些问题，而且 ATM 技术不是很成熟，用于桌面级的应用成本太高，管理困难。从实用性、安全性及经济性等多个方面综合考虑，整体方案不采用 ATM。不过可以考虑部分多媒体方面的应用系统使用 ATM。

（3）交换式快速以太网及千兆以太网。

交换式快速以太网及千兆以太网是最近几年发展起来的先进的网络技术，随着工作站和服务器处理能力的迅速增强，缺乏足够带宽的应用数目不断增加，局域网呈爆炸性发展，许多网络管理员正面临着一种对更大带宽和更高工作组效率的急迫需求。对更大带宽的需求是一个普遍的问题，无论该工作组是一个拥有数百个使用电子邮件和办公室日常处理应用的大型发展中的局域网，还是一个需要为电视会议、教学应用和万维网接入提供所需带宽的中等规模的局域网，或者是一组使用计算机辅助设计（Computer Aided Design，CAD）和图形应用的用户，甚至是一群分布在很广范围内的和一个或几个中心节点共享数据的远程办公室的集合。千兆以太网是建立在标准以太网基础之上的一种带宽扩容解决方案。它与标准以太网及快速以太网技术一样，都使用以太网所规定的技术规范。千兆以太网还具备易于购买、易于安装、易于使用、易于管理与维护、易于升级、易于与已有网络以及已有应用进行集成等优点，不过其设备投入也比较大。

12.2.3　系统实施

1．网络规划

整个有线网络采用高速以太交换网体系结构、可扩展的星形拓扑结构，300m 以内的建筑物采用多模光纤布线结构；300m 以外的建筑物采用单模/多模混装光纤的布线结构，保障向千兆以太网技术迁移的可能性，每条光纤有 50%的冗余度。光纤敷设采用地下管道直埋式，主管道保障 50%的冗余度；主建筑物与网络中心之间采用单点对单点的无中继管理模式。

整个网络的接入口采用"防火墙+路由器"的方式进行过滤，以保证安全；整个网络的中心设备为核心交换机，每个汇聚层交换机都必须接入核心交换机；网管区域拥有整个网络的最高访问权限，在每台交换机上配置 Telnet 访问方式，用以正常地维护，5 台服务器使用交换机连接然后接入核心交换机；教学楼每个楼层都配备楼层主交换机，教室之间的连接采用共享式的连接，主要设备是普通交换机；实验楼每层之间配备楼层交换机，各个实验室中有接入交换机，接入交换机汇总到楼层交换机，再接入核心交换机；教室、宿舍采用的是校园局域网方式上网，并绑定固定寝室的 IP 地址，宿舍楼层配备楼层交换机接入核心交换机；学生寝室划分在整个校园局域网中，但是不使用校园局域网方式上网，采用的是 ADSL 拨号方式上网，每个楼层由楼层交换机接入核心交换机；办公楼是整个办公区域，其中财务室使用单独的网段并配备防火墙，以保证其安全性。

无线网络需求区域分为室内区域和室外区域。室内无线上网区域主要集中在教学楼、实验楼和楼层办公楼，在这些区域为了满足高强度的信号覆盖和高密度的上网用户，采用了室内型高速无线局域网 AP 产品，产品支持 IEEE 802.12b，同时为了具备扩展性，要求可提供基于 IEEE 802.12g 下的 108Mbit/s 带宽增强技术，可提供给更多的用户以不亚于有线网络的感受访问无线网络；同时，自带的智能全向天线可满足室内的信号覆盖强度。室外的无线部署主要是教学楼之间、办公楼前广场、马路、绿地网球场、篮球场以及学生宿舍楼前的广场区域，采用了室外无线接入点产品，产品要采用先进的双路独立的 IEEE 802.12b 系统设计，非常适用于室外大范围的无线覆盖和网桥，同时为了具备扩展性，要求可提供基于 IEEE 802.12g 下的 108Mbit/s 带宽增强技术，可满足大量的并发无线用户流畅访问校园网的需求，使无线网络性能得到提高。考虑到整个网络呈星形拓扑结构，在每层需要进行无线覆盖的区域选择最佳地点放置无线 AP，放置时保证无线信号覆盖的范围，力求楼层内布点最少，范围最大覆盖。每层所布置的 AP 通过超 5 类屏蔽双绞线连接到中心机房的交换机上实现集中管理。在无线网络主要设备——无线 AP 选型上，要保证 AP 能长时间工作；有良好的兼容性，能兼容各种无线适配器，而且最好能支持目前无线传输的主流带宽，更重要的是能保证数据的稳定性和安全性。

2．设备选择

（1）有线网络设备。核心层采用了华三公司的 H3C S7500E 万兆核心交换机作为整个网络的核心连接设备；教学楼、实验楼、办公楼和宿舍楼等二级连接区域采用华三公司的 H3C S3600 系列以太网交换机作为主接入设备，连接核心交换机；二级连接区域以下的对带宽要求不高的接入点采用华三公司的 H3C S1024 系列以太网交换机连接；外网接入防火墙采用华三公司的 SecPath F5000-S 防火墙，内部对于安全性要求高的敏感区域（如财务室）采用华三公司的 SecPath F1000-S 系列防火墙。

（2）无线网络设备。无线 AP 选择华三公司的 WA2610 多功能企业级无线 AP 接入局域网，无线网卡使用各种终端自带网卡。

3. 网络方案拓扑图

（1）整体框架（见图 12.1）

图12.1　整体框架

（2）主干部分拓扑（见图 12.2）

图12.2　主干部分拓扑

（3）无线网络整体结构（见图 12.3）

图12.3 无线网络整体结构

（4）无线网络拓扑（见图12.4）

图12.4 无线网络拓扑

12.2.4 组网总结

整个网络有以下特点。

（1）网络的连通性

各计算机终端设备之间良好的连通性是需要满足的基本条件，网络环境就是为需要通信的计算机设备之间提供互通的环境，以实现丰富多彩的网络应用。

（2）网络的可靠性

网络在初始建设时不仅要考虑到如何实现数据传输，还要充分考虑网络的冗余与可靠性，否则运行过程中一旦网络发生故障，系统又不能很快恢复工作时，所带来的后果便是学校的时间损失，影响学校的声誉和形象。

（3）网络的安全性

网络的安全性有非常高的要求。在局域网和广域网中传递的数据都是相当重要的，因此一定要保证数据的安全性，防止非法窃听和恶意破坏。

（4）网络的可管理性

良好的网络管理要重视网络管理人力和财力的事先投入，能够控制网络，不仅能够进行定性管理，而且能够定量分析网络流量，了解网络的健康状况。

（5）网络的扩展性

现行网络建设情况为未来的发展提供了良好的扩展接口，随着学校规模的扩大，网络的扩展和升级是不可避免的问题。

（6）网络的多媒体支持

在设计网络时即考虑到了多媒体的应用，所以网络建设好后对于视频会议、视频点播及 IP 电话等多媒体技术均有良好的支持。

在实际的工程应用方案中还应该有公司简介、工程的背景、技术要求、设备性能说明及工程报价等，根据需求进行增减。

网络工程是一个复杂的工程，在实际方案编写时要仔细考虑各种需求，在硬件更新特别快的今天，要考虑未来的需求，尽可能设计出容易施工、维护及扩展升级的架构，这样才能够最大限度地保护现有投资。

习　题

简答题

（1）以太网交换机包括哪些结构？

（2）简述 FDDI 标准的体系结构。

（3）千兆以太网技术的优势是什么？

参考文献

[1] 谢希仁. 计算机网络[M]. 8 版. 北京：电子工业出版社，2021.

[2] 杨云，汪辉进. Windows Server 2012 网络操作系统项目教程[M]. 4 版. 北京：人民邮电出版社，2016.

[3] 黄源，舒蕾，吴文明，等. 计算机网络基础与实训教程[M]. 北京：清华大学出版社，2019.

[4] 新华三大学. 路由交换技术详解与实践第 1 卷（上册）（H3C 网络学院系列教程）[M]. 北京：清华大学出版社，2017.